零起步"玩转"
Mind+创客教程

基于micro:bit开发板

解明明　占正奎◎编著

清华大学出版社
北京

U0252546

内 容 简 介

本教程以开源硬件micro:bit开发板为载体，以生活情景为主线，以Mind+编程为辅线；由实时模式到上传模式，从数字输入到数字输出，从常见传感器到人工智能初步应用。由浅入深，共有28节课和52个创客小程序，让学生学会使用传感器来感知环境，控制LED灯、风扇等其他硬件来反馈、影响环境，同时搭建出自己的创客作品。

本教程着重培养创意、编程、分享等创客核心素养，使用器材全部采用开源硬件，所有案例均来源于课堂教学实践，并按照中小学课时进行编排，非常适合作为中小学生学习micro:bit的入门与提高教材，也可为创客爱好者的创作提供一定的参考。

图书在版编目(CIP)数据

零起步玩转 Mind+ 创客教程：基于 micro:bit 开发板 / 解明明，占正奎编著 . —北京：清华大学出版社，2021.7

ISBN 978-7-302-57996-0

Ⅰ.①零…　Ⅱ.①解…②占…　Ⅲ.①单片微型计算机—程序设计—教材　Ⅳ.① TP368.1

中国版本图书馆 CIP 数据核字 (2021) 第 069049 号

责任编辑：袁金敏
封面设计：杨玉兰
版式设计：方加青
责任校对：徐俊伟
责任印制：丛怀宇

出版发行：清华大学出版社
　　　　　网　　　址：http://www.tup.com.cn，http://www.wqbook.com
　　　　　地　　　址：北京清华大学学研大厦 A 座　　　　　邮　　编：100084
　　　　　社 总 机：010-62770175　　　　　　　　　　　　邮　　购：010-83470235
　　　　　投稿与读者服务：010-62776969，c-service@tup.tsinghua.edu.cn
　　　　　质 量 反 馈：010-62772015，zhiliang@tup.tsinghua.edu.cn
印 装 者：三河市铭诚印务有限公司
经　　销：全国新华书店
开　　本：180mm×210mm　　　　　印　　张：8.25　　　　字　　数：199 千字
版　　次：2021 年 7 月第 1 版　　　　印　　次：2021 年 7 月第 1 次印刷
定　　价：69.80 元

产品编号：088605-01

目前，中小学实施创客教育时，在教材、师资、教学模式、实施策略等方面都存在一系列的困惑和困难。在没有统一教材、教学模式的情况下，作为学校和教师，不能"等、靠、要"，通过多年的实践，笔者逐渐认识到使用"micro:bit开发板（本书简称micro:bit）"+"Mind+图形化编程软件"来实施中小学普惠式创客教育是非常好的选择。

书中涉及的教学器材都是价廉物美的开源硬件。对于软件，通过对比实践，笔者认为由上海智位机器人科技股份有限公司（DFRobot）基于Scratch 3.0开发的Mind+软件特别适合中小学创客教育课堂化教学。首先Mind+软件完美支持多种开源硬件交互；其次Mind+软件使用图形化积木式编程，学生在使用时直接拖动语句块就可以轻松编程；更重要的是免费的Mind+软件可以不断地完善和升级新功能，在1.6.0以后的版本中支持AI智能图像、语音等功能的编程和实验。

书中的案例都来源于课堂教学实践，不仅仅限于讲解软、硬件相关的知识点，更多的是对学生创新理念的培养，笔者相信，课程中的任务驱动、探究拓展等教学模式可大幅提升学生的创新素养。课程中的每个案例都是按一个课时设计，内容安排上从易到难，循序渐进，符合中小学生的年龄特点。

本书针对零基础的读者，做到了软件、硬件相结合，注重学生的动手操作。书中的每一个案例都来源于日常生活，可激发学生动手、动脑的欲望。从模仿开始，动手实践，知识的积累在不知不觉中完成。有了知识和技能的积累，就能完成案例中的拓展内容，学生的创新能力自然逐步提升。

希望读到此书的创客教师，特别是学校没有经费购买昂贵的成套创客教育器材的教师，在课堂上，能因陋就简地应用免费的Mind+软件和价廉物美的开源硬件，真正地实施普惠式创客教育。一份付出，一定会有一份收获。

　　希望读到此书的中小学生，能充分发挥自己的想象力，做出好看、好玩、好用的作品，并与同伴、老师、家人分享。假以时日，创新就可能帮你解决日常生活中的一些问题，也许下一个创客大咖就是你。

　　最后，要感谢清华大学出版社的大力支持。希望本书的出版发行，对中小学开展普惠式创客教育有所促进，这，也是我的梦想。

编者

目 录

第 1 课 安装Mind+

学习目标

* 了解Mind+。
* 学会下载安装Mind+。

1.1 预备知识——Mind+入门

1. 了解Mind+

Mind+由上海智位机器人股份有限公司（DFRobot）开发。是一款基于Scratch开发的图形化编程软件，只需拖动图形化程序块即可完成编程，让大家轻松体验创造的乐趣。如图1-1所示，Mind+也是micro:bit官方推荐的第三方编程软件。

图1-1　micro:bit官方推荐的第三方编程软件Mind+

2. Mind+的特点

创客教育中，使用的开源硬件主要是基于Arduino、micro:bit、ESP32开发的相关产品。如图1-2所示，Mind+将micro:bit、Arduino、掌控板等多种开源硬件与Scratch软件平台进行完美融合，极大地降低了编程的门槛。

图1-2　Mind+兼容的多种开源硬件

Mind+不仅兼容多种开源硬件，还兼容很多的周边扩展模块连接，如图1-3所示。并且还在不断更新中，给创客的创意提供更多可能。

图1-3　Mind+兼容的更多周边扩展模块连接

1.2　引导实践——下载并安装Mind+

想要使用Mind+，需要在电脑上进行Mind+的安装，下面讲解如何下载安装Mind+。

在浏览器地址栏中输入Mind+网站地址http://mindplus.cc，打开Mind+网站。如图1-4所示，Mind+提供可以下载安装的版本和通过浏览器在线使用的版本。

图1-4　Mind+网站页面

1.　下载Mind+

单击图1-4中的"立即下载"按钮，出现如图1-5所示的下载页面。根据电脑的操作系统选择对应版本，单击"立即下载"按钮，弹出如图1-6所示的窗口。

图1-5　Mind+下载页面　　　　　　图1-6　下载任务窗口

2. 安装Mind+

下载完成后，双击如图1-7所示的图标开始安装。弹出如图1-8所示的对话框，单击"是"按钮启动安装程序。

图1-7　Mind+安装程序图标

图1-8　提示框

Mind+提供中文（简体）和英语两种版本供用户选择。如图1-9所示，选择中文（简体），单击"OK"按钮，弹出如图1-10所示的页面。

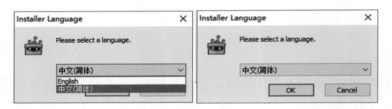

图1-9　Mind+安装语言选择

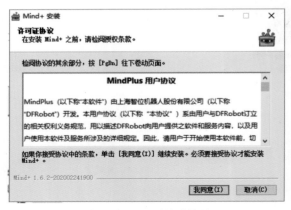

图1-10　Mind+用户协议

图1-10中为Mind+用户协议，单击"我同意"按钮，弹出如图1-11所示页面，选择Mind+软件的安装位置。

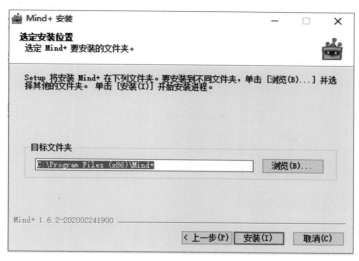

图1-11　Mind+安装位置

图1-12为Mind+安装页面，绿色进度条表示安装进度。

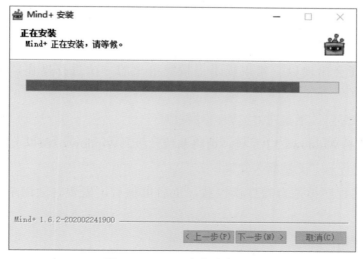

图1-12　Mind+安装进度页面

安装完成后会出现安装成功页面，如图1-13所示，在该页面单击"完成"按钮，Mind+就安装完成了。

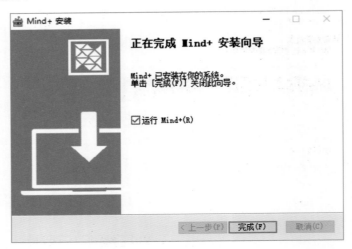

图1-13　Mind+安装完成

1.3　深度探究——安装时可能遇到的问题

安装时可能会出现以下错误提示，按照给出的方法进行操作，就可以正常安装了。

1. **安装时系统提示"不是有效的Win32程序"**

Mind+不支持Windows XP系统，请将系统升级到Windows 7及以上版本。

2. **安装时系统提示"无法写入文件"**

Mind+安装程序被杀毒软件误拦截，重启电脑后，先暂时关闭杀毒软件再进行Mind+安装。

3. **安装时杀毒软件提示"软件正在修改文件"**

单击"全部允许操作"按钮，或重启电脑，先暂时关闭杀毒软件再安装Mind+。

1.4　课后练习

打开Mind+，如图1-14所示，单击右上角的 实时模式 按钮，进入Mind+"实时模式"。如果读者之前接触过Scratch编程，是不是有种似曾相识的感觉，是的，Mind+是基于Scratch 3.0开发的。没接触过Scratch编程也不要紧，试着在Mind+指令模块中看看都有哪些指令积木，双击指令积木，看看角色有哪些变化。

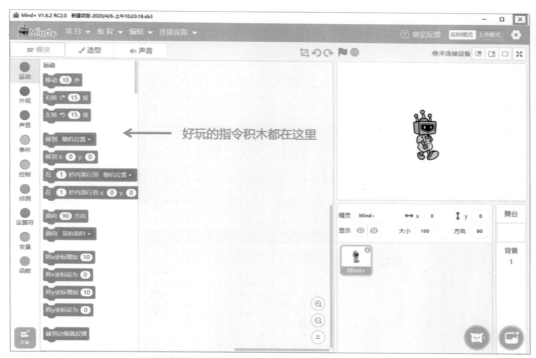

图1-14　实时模式指令积木

第2课 初次编程

学习目标

* 熟悉Mind+"实时模式"。
* 通过编写程序使Mind+精灵动起来。

2.1 预备知识——Mind+"实时模式"

Mind+有两种模式，分别是"实时模式"和"上传模式"，在软件界面右上角单击相应文字 实时模式 上传模式 即可进行切换。本节主要讲解"实时模式"，"上传模式"将在第8章进行讲解。

Mind+"实时模式"界面与Scratch界面相似，如图2-1所示，有菜单栏、模块区、编程区、舞台区、角色区和背景区。Mind+"实时模式"下，通过编程可以控制舞台上的"演员"进行表演，还可以编写好玩的程序；单击"模块区"的"扩展"按钮连接硬件，就可实时控制硬件模块，其中的扩展AI功能模块可以来体验人工智能技术。

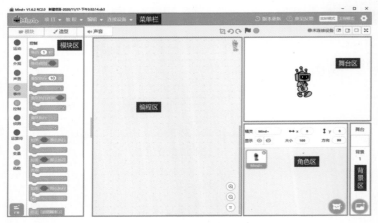

图2-1 Mind+"实时模式"主界面

2.2 引导实践——Mind+精灵动起来

双击桌面上的Mind+图标 ![icon]，打开Mind+，将软件模式切换到"实时模式"。

Mind+"实时模式"下，在"舞台区"有一个卡通形象 ![icon]，我们把这个卡通形象称为"角色"。

现在舞台上的角色就是Mind+精灵，给角色下发指令，角色会按照下发的指令动起来。

1. 移动10步

在 ![模块] 中找到 ![运动] 模块，单击 ![运动] 模块，就会出现许多与其颜色相同的指令积木。如果想要发出哪条指令，就拖动那条指令到"编程区"。如何快速找到需要的指令积木？通过指令积木的颜色找到与其颜色相同的指令模块，就能找到所需要的指令积木。

拖动 ![移动10步] 指令积木到"编程区"。在"编程区"单击 ![移动10步] 指令积木，Mind+精灵在舞台区向右边移动10步，将移动10步指令分别改为1步、5步、20步，观察Mind+精灵移动的变化。Mind+精灵移动的每一步就是舞台区的一个小点，也称为像素。这些小点需要拿放大镜仔细观察才能发现。试着反复单击 ![移动10步] 指令积木，可以让Mind+精灵走到舞台外面去。

把走到舞台外的Mind+精灵拉回到舞台中央，多次单击 ![移动10步] 指令积木，又可以让Mind+精灵再次走到舞台外面去。

2. 初次编程

编写程序让Mind+精灵一直在舞台上走。

在"模块区"还有许多不同颜色的模块分类，找到 ![控制] 模块，找到 ![重复执行10] 指令积木，把 ![移动10步] 指令积木拖动到 ![重复执行] 指令积木的中间，两个指令积木就会拼合到一起。

再次单击 ![移动10] 指令积木，Mind+精灵比之前走得更远了。每单击一下，Mind+精灵就执行10次 移动10步 的动作，共计100步。

怎样让Mind+精灵快速走到舞台边缘呢？

在 控制 模块中，找到 指令积木，把 移动10步 指令积木拖动到 指令积木的中间，单击 指令积木，Mind+精灵就会快速地走到舞台边缘。再次把Mind+精灵拖回舞台中央，它又会走到舞台边缘。如果想让Mind+精灵停下来，可以单击左上角的 ● 按钮。

● 按钮左边的 ▶ 按钮是程序运行按钮。单击 ▶ 按钮，开始执行程序。

但Mind+精灵没有执行动作，这是因为我们没给程序加上触发控制指令。从 事件 模块中拖出 指令积木，拼在 移动10步 指令积木的上方，如图2-2所示。

再次单击 ▶ 按钮。Mind+精灵就动起来了，第一个程序就编写好了。

如果想将多余的指令删除，如图2-3所示，将其拖回指令区即可。

图2-2 初次编程

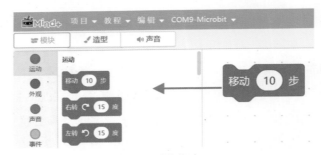

图2-3 删除指令

2.3 深度探究——Mind+精灵走起来

下面讲解如何让舞台上的Mind+精灵迈开腿自然行走。

1. 切换造型

单击"项目"菜单下的"造型"标签，标签页如图2-4所示，这里的Mind+精灵有四个造型，单击任意一个造型，可以看到Mind+精灵的四种不同造型。按序号顺序反复快速单击这四个造型，会发现Mind+精灵的手和脚都动了。

下面通过编写程序自动完成Mind+精灵的不同造型间的切换。

单击"模块"标签，切换到Mind+"实时模式"主界面。

单击  外观 模块，在模块中找到 下一个造型 指令积木，快速单击 下一个造型 指令积木，Mind+ 精灵的手和脚都会动起来。

要想让Mind+精灵走起来更自然，只需将 下一个造型 指令积木拼接到"循环执行"模块中。如图2-5所示。

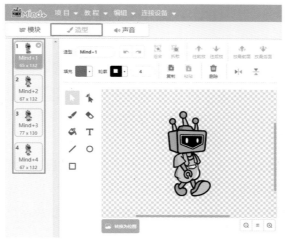

图2-4 角色造型　　　　　　　　图2-5 造型切换

单击 按钮，Mind+精灵走得更自然，每走10步就切换一个造型，走到舞台的边缘也不会转身回来。

2. 来回走动

单击 运动 模块，该模块下有一个 碰到边缘就反弹 指令积木，把这个积木拼接到 下一个造型 指令积木的下方，如图2-6所示。单击 按钮运行程序，可以看到精灵走到边缘后会转身往回走。

Mind+精灵虽然可以来回走动了，但是往左边走的时候头朝下，看起来很奇怪，如图2-7所示。

图2-6　来回走动　　　　　　图2-7　Mind+精灵倒着走

3. 旋转方式

　　Mind+角色有左右翻转、不可旋转、任意旋转三种旋转方式。默认的旋转方式是任意旋转，想让Mind+精灵正常行走，可在 运动 模块中找到 将旋转方式设为 左右翻转▼ 指令积木拼接到"循环执行"积木的上面，将Mind+精灵反弹后的运动姿态设置为"左右翻转"，如图2-8所示。

　　设置角色旋转方式的指令放到"循环执行"积木里面也可以达到相同的运行效果，但每次循环时会多运行一条指令，当指令增多时会降低程序运行的速度。角色旋转方式只需设置一次，运行时都会以这种方式执行相应动作，因此放在"循环执行"积木外面可以达到优化程序的效果。

　　编写好程序后单击 旗 按钮，Mind+精灵就可以正常行走了，如图2-9所示。

图2-8　设置旋转方式为左右翻转　　　　　图2-9　Mind+精灵正常走起来

4. 保存项目

编写的第一个程序就完成了。编写好的程序要立即保存，否则关机后将会丢失。

单击"菜单栏"中的"项目"菜单，如图2-10所示，在弹出的下拉菜单中选择"保存项目"，就可以将编写好的程序保存到指定位置。

图2-10　项目菜单

如图2-11所示为项目保存窗口，在"文件名"旁边的输入框中输入作品名称，单击"保存"按钮即可保存文件。

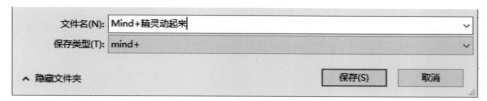

图2-11　项目保存窗口

2.4　课后练习

如图2-12所示，请尝试在角色库和背景库中添加喜爱的角色和背景，并让角色动起来。

图2-12　背景库

第3课 点亮屏幕

学习目标

* 了解micro:bit，认识LED点阵屏。
* 学会在Mind+中连接micro:bit。
* 体验在Mind+中点亮micro:bit屏幕。

3.1 预备知识——认识micro:bit屏幕

1. 初识micro:bit

micro:bit是一款由英国广播电视公司（BBC）联合多家科技公司专为青少年设计的编程教育硬件，它只有一张银行卡的二分之一大小，集成了指南针、加速度计等传感器，支持多个软件编程平台，将编写好的程序通过USB接口上传其中即可运行。只要充分发挥想象力，利用micro:bit可以实现很多酷炫的小发明，25个可编程红色LED灯可以显示消息；2个可编程按钮可以用于控制游戏操作。

可以把micro:bit想像成一台电脑的主机（控制器），负责处理运算和控制各个设备运行。按钮和其他传感器作为接收用户操作的输入设备。风扇、喇叭、屏幕等作为展示或执行命令的输出设备。如图3-1所示，这些组合在一起，就变成了一个微型的智能硬件系统。

图3-1　micro:bit智能硬件系统组成

2. LED点阵屏

如图3-2所示，在micro:bit的正面，两个按钮的中间是一块由25个红色LED灯组成的点阵屏幕，每个LED灯都能单独点亮，如果把每个LED灯看成一个像素点，25个像素点按5×5的规则排列，组成了5×5的LED点阵屏。

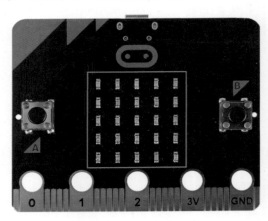

图3-2　　LED点阵屏

3.2　引导实践——连接micro:bit

我们在大街上经常看到商铺的LED点阵屏，可以显示不同的文字和图案，micro:bit屏幕也可以显示文字和图案，下面先来讲解如何在Mind+中连接micro:bit。

1. 选择主控板

双击桌面的Mind+图标🤖，打开Mind+，进入Mind+"实时模式"。

Mind+支持多种开发板，在Mind+"实时模式"主界面的左下角单击 🔳 图标，弹出如图3-3所示界面，选择micro:bit作为主控板。

图3-3　选择micro:bit作为主控板

选择之后单击左上角的 ← 返回 按钮，返回到Mind+"实时模式"主界面，此时在"模块区"中多了一个 micro:bit 的模块，micro:bit的所有指令积木都在其中。

2. 连接设备

将micro:bit通过 USB 数据线与电脑连接。USB数据线的方口与电脑的USB接口连接，也就是我们平时插U盘的接口；较小的一头与 micro:bit连接。如图3-4所示，连接后通过USB数据线给micro:bit供电，micro:bit 的电源指示灯亮起。

micro:bit与电脑连接后，在"菜单栏"单击"连接设备"选项，如图3-5所示，弹出"连接设备"菜单，选择第二个选项"COM58-Microbit"连接micro:bit。

图3-4 micro:bit电源指示灯亮起

图3-5 连接设备

第一次连接micro:bit，会在"停止"按钮 ⬤ 后面显示 ⬤重新烧录固件 41%，等待一会，固件更新完成后显示 ⬤连接设备成功。

在 micro:bit 模块中单击 显示图案或内置图案 指令积木，可检查设备是否连接成功。若设备连接成功，micro:bit屏幕显示图案，连接后micro:bit电源指示灯闪烁，表示电脑可以实时发出指令，micro:bit可以实时接收指令并执行。

注意，micro:bit电源指示灯闪烁时，表示micro:bit正在与电脑通信，切记不要强行拔掉USB数据线，否则会造成micro:bit的损坏。就如同平时使用U盘复制文件时，如果强行拔掉U盘，容易造成U盘的损坏。

3. 断开设备

如图3-6所示，单击"断开设备"可使micro:bit与电脑断开连接，micro:bit电源指示灯常亮，数据交换停止，才可拔掉USB数据线。

固件更新完成后，再次连接设备时不需再次更新。

图3-6 断开设备

3.3 深度探究——点亮micro:bit屏幕

micro:bit连接好之后就可进行点亮屏幕的操作了。 micro:bit模块中共有五条指令可以控制屏幕，如图3-7所示。

图3-7 屏幕控制指令

1. 设置屏幕亮度和清除屏幕内容

在 micro:bit 模块中单击 显示图案或内置图案 指令积木，micro:bit屏幕上会出现爱心图案。单击 设置亮度 9 指令积木，可以设置micro:bit的屏幕亮度。屏幕亮度默认值为9，单击"设置亮度"数字9后面的三角 ，如图3-8所示，弹出的列表中共有10个选项，依次为9~0，从上至下依次选择各个选项并执行该指令积木，会发现屏幕越来越暗，亮度值为1时最暗，亮度值为0时屏幕熄灭。

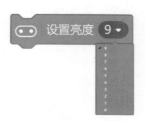

图3-8 设置屏幕亮度

当屏幕亮度值为0时，爱心图案消失。再次从下至上依次选择0~9，并执行该指令积木，会发现屏幕上的爱心图案越来越亮。这是因为屏幕亮度值设置为0时，屏幕熄灭，但屏幕上显示的内容并没有被清除，只是看不到了。

若想清除LED点阵屏的内容，需要单击 熄灭所有点阵 指令积木。

2. 点亮屏幕中所在坐标位置的LED灯

如果想点亮屏幕上指定位置的LED灯，可以用到 点亮 坐标x 0 ,y 0 指令积木。

坐标可以表示位置，如图3-9所示，小明在教室里的座位是第3行第4列，可以用坐标值（3,4）表示。电影院里的座位号、棋盘中的位置都常常用到坐标。

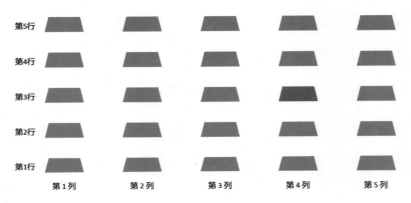

图3-9　小明座位图示

LED点阵屏中的LED灯的位置如何表示呢？LED点阵屏模块左上角第一个LED灯为点阵屏模块的原点，其坐标值为（0,0），水平向右为x轴正方向，竖直向下为y轴正方向。可以用x坐标和y坐标的数值；即（x,y）来表示LED灯的位置。单击 点亮 坐标x 0 y 0 指令积木，如图3-10所示，可点亮LED点阵屏（0,0）位置的LED灯。

执行 点亮 坐标x 2 y 3 指令积木，如图3-11所示，坐标（2,3）位置上的LED灯就点亮了。

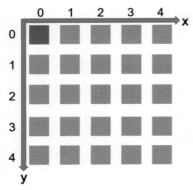

图3-10　LED点阵屏上的坐标

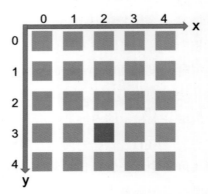

图3-11　点亮LED点阵屏上坐标（2,3）位置上的LED灯

修改积木中的x值或y值，可以点亮LED点阵屏中不同位置的LED灯。

如图3-12所示，编写程序，依次点亮第一排的所有灯。

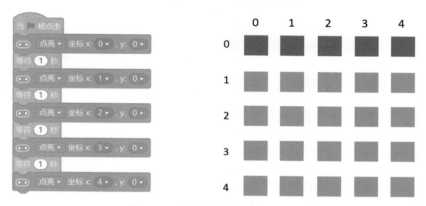

图3-12 依次点亮第一排LED灯

程序编写好之后，单击▶按钮，第一排的LED灯被依次点亮。

再试着点亮第2～5排的LED灯。重复拖动指令模块会比较麻烦，可以在一条指令或一段指令上右击，在弹出的快捷菜单中选择"复制"选项，就会复制出相同的指令。

3. 点亮屏幕自定义图案

如果想显示数字和英文字符，就要使用 ▣ 显示文字 hello world 指令积木。

将 ▣ 显示文字 hello world 指令积木中的英文字母换成汉字，单击执行指令积木，却发现LED点阵屏无法显示汉字。

LED点阵屏可以显示任意图案。自定义图案时，需清除原来的屏幕图案。如图3-13所示，单击 ▣ 显示图案或内置图案 🖼 指令积木，显示爱心图案，再单击 🗑 按钮，屏幕上的图案就被清除了。

图案上25个灰色小方格对应屏幕上的25个LED灯。想点亮哪个LED灯，就先单击相应的灰色小方格 ▪ ，再单击 ▣ 显示图案或内置图案 🖼 指令积木执行指令。用这种方法可以创造出自己想要的图案或简单的文字，如图3-14所示为"大"字的显示。

图3-13 清空图案

图3-14 自定义图案

再来尝试显示"国"字，因屏幕点阵不够，"国"字无法显示，所以通过自定义图案的方式只能显示笔画数较少的汉字。

点亮屏幕的方法很多，除了这里介绍的几种以外，读者可尝试其他的创意去点亮屏幕。

3.4 课后练习

制作一个滴水动画。让一个红点从屏幕顶部向下移动，模拟水珠滴下来的效果，并在micro:bit屏幕上显示出来。

第4课 小熊动起来

4.1 预备知识——事件触发硬件

1. A、B按钮

如图4-1所示,在micro:bit屏幕的两边分别有A按钮和B按钮,通过按下A、B按钮可触发事件程序的执行。

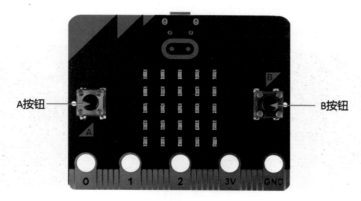

图4-1 A、B按钮

2. 触摸按键

如图4-2所示,在micro:bit屏幕的下方,有P0、P1、P2三个触摸按键,用手指触摸

23

任意一个按键可触发事件程序的执行。

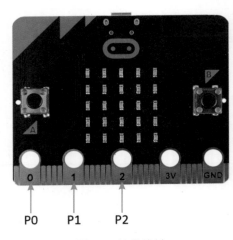

图4-2　触摸按键

3. micro:bit徽标

　　如图4-3所示，![徽标图案]图案是micro:bit的徽标。将micro:bit屏幕面对自己，徽标图案朝上指向天花板，这个操作叫"徽标朝上"；将micro:bit屏幕面对自己，徽标图案朝下指向地面，这个操作叫"徽标朝下"。通过徽标的朝向可触发事件程序的执行。

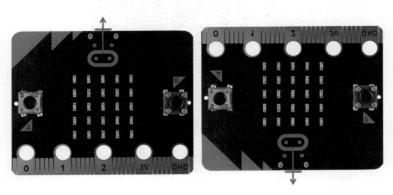

图4-3　徽标朝上与徽标朝下示意图

4.2 引导实践——编写事件程序

本节讲解在Mind+"实时模式"下，通过事件程序的触发在屏幕上显示不同数字。

什么是事件？事件指令积木代表事件的开端，是一段指令脚本的触发条件。当满足触发条件时，下面拼接的积木将会执行。

图4-4中的三段积木都可以作为一段指令脚本运行的开端，但触发条件不同。

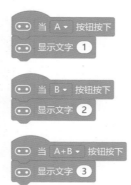

图4-4 micro:bit事件程序

1. 按钮触发指令脚本运行

如图4-5所示，按钮事件触发有3种状态，A按钮按下触发指令脚本运行；B按钮按下触发指令脚本运行；A按钮和B按钮同时按下触发指令脚本运行。

如图4-6所示，编写按钮触发屏幕显示数字的程序。当A按钮按下时触发屏幕显示数字1；当B按钮按下时触发屏幕显示数字2；当A、B按钮同时按下时触发屏幕显示数字3。

图4-5 按钮触发指令脚本运行　　图4-6 按钮触发屏幕显示数字

2. 触摸按键触发指令脚本运行

触摸按键触发指令脚本运行有3种情况，如图4-7所示，P0按键被触摸，P1按键被触摸，P2按键被触摸，用手触摸按键时会触发指令脚本运行。

如图4-8所示，编写触摸按键触发屏幕显示数字的程序。用手触摸P0按键屏幕显示数字1；用手触摸P1按键屏幕显示数字2；用手触摸P2按键屏幕显示数字3。

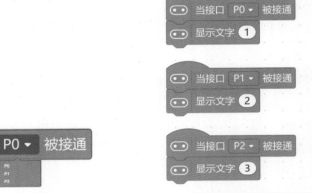

图4-7　触摸按键触发指令执行　　　　图4-8　触摸按键触发屏幕显示数字

3. 徽标朝向触发指令脚本运行

如图4-9所示，编写徽标朝向触发屏幕显示数字的程序。将micro:bit徽标朝上触发屏幕显示数字1；徽标朝下触发屏幕显示数字2。

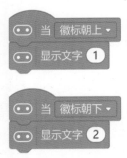

图4-9　徽标朝向触发屏幕显示数字

4.3　深度探究——按钮控制角色移动

Mind+"实时模式"下，通过micro:bit的A、B按钮控制小熊左右移动。

1. 删除角色

在添加新的角色之前，我们需要删除 Mind+精灵角色，如图4-10所示，单击 ⊗ 按钮可删除角色。删除角色时，会弹出删除确认提示框，单击"确认"按钮删除角色。角色删除时角色及控制角色的程序指令会一并删除，删除后不能恢复。

图4-10　删除角色

2. 添加角色

单击角色区中"角色库"按钮 打开角色库，在角色库动物分类中添加 角色。

3. 编写程序

程序编写思路：当A按钮按下时，小熊向左走；当B按钮按下时，小熊向右走。编程中可以将复杂的问题拆分成易于处理的小问题，逐个解决，最终实现目标。

先来实现按下B按钮小熊向右走的效果，按步骤思考以下问题：

（1）事件触发的条件是什么？如何使角色动起来？

当 B ▾ 按钮按下 是事件触发的条件，移动 10 步 指令积木可以让角色移动。

（2）如何改变角色方向？

方向的角度能够确定角色的朝向。如图4-11所示，相对于角色，舞台区正右方为90°，正左方为-90°；正上方为0°，正下方为180°。角色属性栏中的 方向 90 积木可以查看角色当前朝向的角度。面向 90 方向 指令积木可以改变角色方向。

零起步玩转Mind+创客教程——基于micro:bit开发板

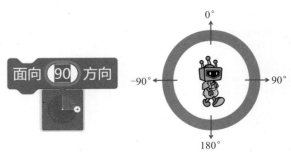

图4-11　确定角色朝向

（3）如何让角色动起来？

查看角色造型，如图4-12所示，共有多张不同造型的图片，每张造型图片之间只有细微的差别，快速切换不同的造型图片，就可以实现动画效果。下一个造型指令积木可以切换角色造型。

编写程序，如图4-13所示，实现按下micro:bit的B按钮小熊向右走的效果。

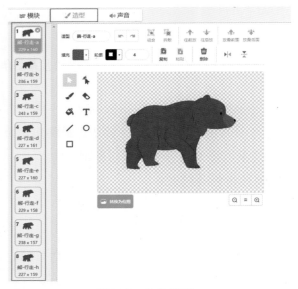

图4-12　角色造型

图4-13　编写程序

请读者尝试编写程序实现按下A按钮小熊向左走的效果。

4. 调试运行

程序实现的效果：按下A按钮，小熊向左走；按下B按钮，小熊向右走。

如果舞台上的小熊碰到舞台边缘后倒着走，可以将角色的旋转方式设置为"左右翻转"。

如图4-14所示，角色的旋转方式有3种。角色旋转方式设为"左右翻转"时，角色只进行左右翻转；角色旋转方式设为"不可旋转"时，角色永不旋转；角色旋转方式设为"任意旋转"时，角色按设定角度顺时针或逆时针旋转。

按下按钮控制小熊移动，发现小熊走得太慢了，动画效果也不流畅。如图4-15所示，添加 ![重复执行10次]指令积木，让角色快速移动的同时不断切换造型。

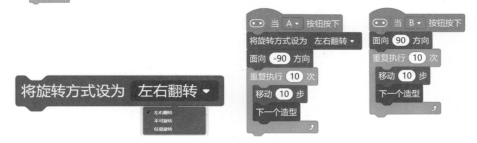

图4-14 旋转方式　　　　　图4-15 改进程序

为什么使用![重复执行10次]指令积木而不使用![循环执行]指令积木呢？

将![重复执行10次]指令积木替换成![循环执行]指令积木试试看，如图4-16所示，发现整个脚本指令周围多了一圈黄色，这表示一直在循环执行![移动10步]指令积木和![下一个造型]指令积木，程序进入了无限循环中，不能跳转到其他指令。

小熊角色按指令程序正常运行时，程序调试成功。

程序调试时，我们要对程序运行时发现的错误进行仔细分析，寻找出错原因和具体代码的位置，然后进行修正。调试是保证程序正常运行必不可少的步骤。

图4-16 循环执行

5. **保存程序**

程序调试成功后，执行"项目"菜单下的"保存项目"菜单命令，将编写好的程序进行保存。如图4-17所示，保存文件的扩展名为.sb3。

图4-17　保存程序文件

4.4　课后练习

尝试改变事件触发方式，用触摸按键控制小熊左右移动。

第**5**课 火箭发射倒计时

学习目标
* 了解Mind+的舞台大小和坐标规则。
* 编写火箭发射倒计时的程序。
器材准备
micro:bit。
USB数据线。

5.1 预备知识——舞台大小和坐标

只有理解了Mind+的舞台大小及坐标规则，才能准确控制角色在舞台上的位置及移动。Mind+的舞台大小为480×360，坐标如图5-1所示。舞台的中心是（0，0），水平方向为x轴，垂直方向为y轴；中心点向右为x轴正方向，中心点向左为x轴负方向；中心点向上为y轴正方向，中心点向下为y轴负方向。从图中可以看出，角色鹦鹉的位置在中心点（0，0）。在舞台下方有该角色的位置、大小、方向的显示，并在程序运行过程中实时变化。

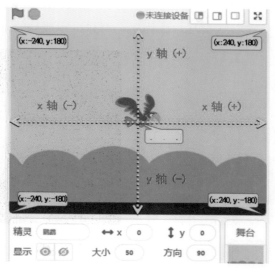

图5-1 舞台的坐标

31

5.2 引导实践——火箭发射升空

本节主要实现用按钮控制火箭发射升空。

1. 连接设备

进入Mind+"实时模式"，用USB数据线将电脑与micro:bit连接起来，micro:bit指示灯闪烁表示设备连接成功。

2. 添加角色

在Mind+"实时模式"下，删除 Mind+精灵角色，单击角色区中"角色"库按钮 打开角色库，在角色库动物分类中添加 角色。

3. 设置背景

Mind+舞台背景默认为白色，单击背景区中的"背景库"按钮 打开背景库，从中选择"群星"作为舞台背景，完成后的设置如图5-2所示。

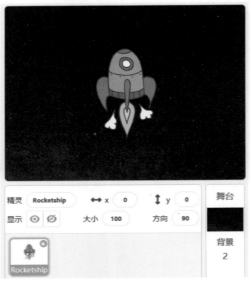

图5-2 舞台背景和角色外观

4. 编写程序

程序的编写思路是：初始化火箭角色大小和位置，按下micro:bit的A按钮触发火箭角色沿y轴向上移动。

（1）初始化角色大小和位置。

舞台区火箭角色显示过大，可以在 ● 模块中找到 将大小设为 100 指令积木，积木中的数值可以设置角色大小。角色的默认大小是100，需要缩小角色时，将角色的数值减小，例如设为50，角色大小就缩小为默认大小的一半。

使火箭由舞台底部升空，修改x坐标为0，y坐标为-120，通过 移到 x: 0 y: -120 指令积木将火箭角色移动到舞台底部位置。

（2）火箭升空动画效果。

实现火箭升空动画效果，让火箭沿y轴向上移动，x坐标固定不变，更改y坐标为180，通过 在 3 秒内滑行到 x: 0 y: 180 指令积木，让火箭在3秒内移动到（0,180）的坐标位置。

（3）事件触发条件

按下micro:bit的A按钮触发指令脚本运行，程序如图5-3所示。

图5-3　火箭升空程序

5. 调试运行

按下micro:bit的A按钮，火箭沿y轴向上移动到舞台顶部。通过更改 在 3 秒内滑行到 x: 0 y: 180 指令积木中的时间，可以控制火箭移动的速度。

火箭移动到顶部后可以消失吗？在 ● 模块中找到 隐藏 指令积木，添加到火箭升空程序的最后即可。

5.3　深度探究——火箭发射倒计时

模拟火箭发射倒计时场景。按下A按钮，micro:bit屏幕显示倒计时10秒后火箭发射升空。

1. 编写程序

（1）倒计时10秒。

程序的编写思路是：火箭发射升空效果已经实现，如何实现micro:bit屏幕显示倒计时10秒的效果？如图5-4所示为倒计时5秒的程序，通过显示数字，设置间隔时间，实现了倒计时5秒的效果。如果要倒计时10秒或倒计时100秒，就要使用更多的指令积木，操作较为烦琐。下面使用设置变量的方法，使程序变得简洁，执行效率更高。

变量从字面上理解是"可以变化的量"。当定义了一个变量后，就可以给这个变量赋值，使这个变量的值发生变化。变量就像一个盒子，用来存放数据（如数字、字符），需要时直接使用，不需要时就放在盒子里。如何使用变量中的数据呢？直接使用变量名即可，使用后变量中的数据不会消失。

图5-4　倒计时5秒程序

如图5-5所示，在 ![变量] 模块中新建变量"倒计时"，并通过指令积木修改变量值。

图5-5　新建设置变量

将变量"倒计时"的值设置为10，micro:bit使用 ![显示文字 变量 倒计时] 指令积木在屏幕显示变量的数值，数值每隔1秒减少1，重复执行10次即可实现倒计时10秒效果，程序如图5-6所示。

（2）火箭发射倒计时。

将倒计时程序和火箭发射升空程序组合。两段程序组合时需要注意，初始化指令积木都要放在程序的最前面，显示角色指令积木、设备角色初始位置指令积木、设置变量初始值指令积木要放在程序的开始位置，组合后的程序如图5-7所示。

图5-6　倒计时10秒程序

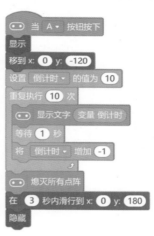

图5-7　组合后的程序

2. 调试运行

程序实现的效果：按下A按钮，micro:bit屏幕显示倒计时10秒，舞台上的火箭发射升空，最后火箭消失。

如果舞台区火箭不显示，检查程序最前面有没有 显示 指令积木。如果没有，火箭会一直处在隐藏状态。

5.4　课后练习

看书时间长了眼睛需要休息，设计一个倒计时程序提醒自己放松眼睛。按下A按钮开始倒计时，30分钟后micro:bit屏幕闪烁爱心图案，完成提醒。

第6课 猜数游戏

学习目标

* 了解随机数。
* 编写猜数游戏的程序。

器材准备

micro:bit。

USB数据线。

6.1 预备知识——随机数与加速度传感器

1. 随机数

大家一定玩过"石头、剪刀、布"的游戏吧,每次出现的手势没有规律,结果不可预测,这种情况就叫作"随机"。在这个游戏里有3种随机结果。

掷骰子游戏的结果也是随机的,结果的范围是1~6点中的任何一个数。随机结果是数字时,我们就叫它随机数。掷骰子游戏的结果就是随机数,范围是1~6。

如图6-1所示,使用"在1和10之间取随机数"指令积木,可以在1~10中随机选取一个数字。用户可以通过修改数字1和10来更改数值范围。

在 1 和 10 之间取随机数

图6-1 随机数

2. 加速度传感器

加速度传感器也称为加速度计,如图6-2所示。当micro:bit处于摇晃、直立、倾斜等状态时,加速度传感器能实时感知micro:bit的平衡状态。

加速度计与电子罗盘

图6-2　加速度传感器

6.2　引导实践——随机显示数字

摇晃micro:bit，micro:bit屏幕随机显示数字1～10。

1. 连接设备

进入Mind+"实时模式"，用USB数据线将电脑与micro:bit连接起来，micro:bit指示灯闪烁表示设备连接成功。

2. 编写程序

程序编写思路：通过摇动micro:bit，其上的加速度传感器感知到摇晃后触发屏幕随机显示数字1～10。

（1）事件触发条件。

摇一摇micro:bit触发指令运行，将 当 徽标朝上 指令积木更改为如图6-3所示的触发条件。

（2）屏幕随机显示数字1～10。

在 中找到 在 1 和 10 之间取随机数 指令积木，将随机数指令积木放入显示文字积木中，程序如图6-4所示。

图6-3　触发条件改为"摇一摇"

图6-4　随机显示数字1～10

3. 调试运行

程序实现的效果：每摇晃一下micro:bit，屏幕会在1～10之间随机显示一个数。

6.3　深度探究——设计猜数游戏

猜数游戏，1～10随机选择一个数，猜猜这个数是多少。

1. 连接设备

进入Mind+"实时模式"，用USB数据线将电脑与micro:bit连接起来，micro:bit指示灯闪烁表示设备连接成功。

2. 编写程序

程序编写思路：通过摇一摇micro:bit，在1～10取一个随机数并将这个数放入变量，通过键盘输入数字来猜数。当输入的数字比变量值大时，提示输入大了；当输入的数字比变量值小时，提示输入小了；当输入的数字等于变量值时，在屏幕上显示猜出的数字。

（1）事件触发设置变量。

在 指令模块中"新建变量"，如图6-5所示，新建变量并命名为"数字"。

如图6-6所示，变量可以存储数据，程序可以读取"数字"变量的值，可以设置"数字"变量的值，也可以增加或减少"数字"变量的值。

图6-5 新建变量

图6-6 "数字"变量的操作

摇一摇micro:bit，加速度传感器感知到micro:bit摇晃时触发程序执行。如图6-7所示，设置一个"数字"变量，猜1~10的一个随机数，将这个随机数放入变量中随时调用。要猜的这个数不能提前公布，所以先将"数字"变量隐藏起来。

（2）键盘输入的数字与变量进行比较。

要想获取键盘输入的数字信息，就需要用到 询问 你叫什么名字? 并等待 指令积木提出问题。如图6-8所示，角色显示提出的问题，在舞台区的下方文字输入框中输入回答，输入的信息就会被放入 回答 指令积木中。

图6-7 将要猜的数装入变量并隐藏

图6-8 询问与回答

如图6-9所示，通过询问指令积木提出问题"在1和10之间猜一个数"，角色显示提问等待回答，键盘输入回答后，将回答的数字与"数字"变量进行比较并给出反馈。没有猜对时需要继续猜，因此要加上"重复执行"指令，只有当猜对时才解除重复执行，猜对的情况就是键盘输入的数字与"数字"变量的值相同时，循环程序结束，继续向下执行。

（3）显示猜对的数。

如图6-10所示，当数字猜对时，屏幕上显示出猜对的数，角色显示"猜对了"文字。

图6-9　循环比较程序　　　　图6-10　猜数游戏完整程序

3. 调试运行

程序实现的效果：连接设备，角色提出问题，在舞台区文字输入框中输入数字，根据得到的提示调整输入数字的大小，直到猜对，micro:bit屏幕显示出数字，猜数游戏结束，程序调试成功。

6.4　课后练习

编写一个幸运大转盘游戏。在转盘中设置奖项，当摇一摇micro:bit时，箭头旋转随机角度，获得相应的奖项。

第7课 弹弹球

学习目标
* 了解循环语句和条件语句。
* 编写弹弹球游戏程序。
器材准备
micro:bit。
USB数据线。

7.1 预备知识——循环语句和条件语句

1. **循环语句**

   循环是重复执行程序指令。程序中如果有重复的指令，就可以用循环语句解决问题。循环语句可以让程序变得简洁。

   循环语句分为有限循环和无限循环。

   有限循环的循环次数是事先指定的。图7-1中的循环就是重复执行10次的循环。

   无限循环就是不指定循环次数的循环，可以一直重复执行。图7-2中的循环就是一直重复执行的循环。

图7-1　有限循环

图7-2　无限循环

2. **条件语句**

   日常生活中，我们经常会说"如果……那么……"，在编程中同样有这样的指令积木▭▭，叫作"如果条件满足执行相应指令"积木。

条件是程序执行的分支，在编程中的指令积木是▭▭，如果条件满足，程序执行相应指令，条件不满足时，程序则执行另一指令。

7.2 引导实践——控制角色左右移动

本节编写一个弹球的游戏程序。

弹球游戏实现的效果：球来回运动，micro:bit左右倾斜控制挡板左右移动，弹球碰到挡板后以任意角度反弹，当弹球接触到舞台区底部时游戏结束。首先编写挡板左右移动的程序。

1. 连接设备

进入Mind+"实时模式"，用USB数据线将电脑与micro:bit连接起来，micro:bit指示灯闪烁表示设备连接成功。

2. 添加角色

添加桨和球角色。在Mind+"实时模式"下删除🤖Mind+精灵角色，添加新角色。单击角色区中"角色库"按钮▭打开角色库，在角色库中添加▭▭▭角色到角色区，完成桨角色的添加，桨角色即游戏中用来接球的挡板；在角色库中添加●角色到角色区，完成球角色的添加。

3. 设置背景

Mind+默认舞台背景为白色，单击背景区中的"背景库"按钮▭打开背景库，选择"蓝天"作为舞台背景，完成后的设置如图7-3所示。

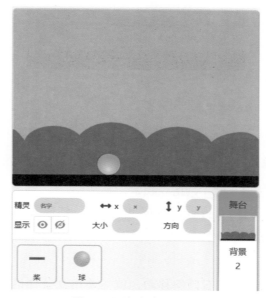

图7-3　添加角色和背景

4. 编写程序

程序编写思路：弹球游戏中有两个角色，先来实现micro:bit左右倾斜控制挡板左右移动。

（1）事件触发条件。

在 micro:bit 指令模块中找到 当 A▼ 按钮按下 指令积木，A按钮按下触发下面的指令程序执行。

（2）初始角色位置。

游戏开始，需要将挡板固定在一个初始位置。将挡板移动到靠近舞台区底部的位置即可。

角色区会显示挡板角色的位置坐标，如图7-4所示，x是横坐标值，挡板左右移动时x值会发生改变；y是纵坐标值，挡板上下移动时y值会发生改变。

图7-4　角色坐标

游戏开始前，角色按照游戏编写意图出现的相应位置，称为角色位置的初始化。

在●模块中找到 移到 x: -4 y: -130 指令积木，拖放到 当 A▾ 按钮按下 指令积木下面。试着将挡板移动到舞台区的任意位置，再按下A按钮，挡板又会回到了初始位置。这样就完成了角色位置的初始化工作。

（3）控制角色向左移动。

想让挡板随着micro:bit左右倾斜移动，就需要用到条件语句。当micro:bit向左倾斜时，挡板向左移动。

在 micro:bit 指令模块中找到▶ 板载传感器 中的 当前姿态为 徽标朝上▾ ? 指令积木，单击"徽标朝上"旁边的三角形，将指令积木更改为 当前姿态为 向左倾斜▾ ? 。

在●模块中找到 如果 那么执行 ，将 当前姿态为 向左倾斜▾ ? 指令积木拖放进去作为执行条件，在●模块中找到 将x坐标增加 -10 指令积木，作为执行结果插入其中。

如果micro:bit向左倾斜，如图7-5所示，挡板的x坐标增加-10，也就是向左边移动10个点的距离。

图7-5　条件语句

（4）控制角色向右移动。

同理，如果micro:bit向右倾斜，挡板就向右移动，请读者自行编写控制挡板向右移动的程序。

在指令积木上右击可复制之前向左移动的指令积木来快速修改。

（5）运行调试。

程序实现的效果：按下A按钮时，micro:bit向左倾斜时，挡板向左移动，向右倾斜时，挡板向右移动。但是上传如图7-6所示的程序后，无论micro:bit向左倾斜还是向右倾斜，挡板都不移动。

分析：按下A按钮时，触发程序执行，程序由上至下按顺序执行。首先初始化挡板位置，然后侦测micro:bit有没有向左或向右倾斜，因为程序只侦测了一次，所以挡板不动。要想一直侦测micro:bit的状态，就需要加上循环指令积木。

如图7-7所示，加上循环指令积木后，挡板就可以随着micro:bit的左右倾斜而左右移动了。

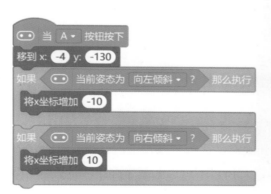

图7-6 调试程序

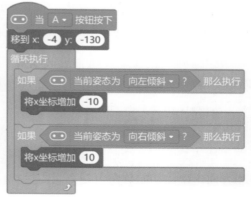

图7-7 调整后的程序

7.3 深度探究——设计弹球游戏

现在挡板可以左右移动了，下面实现球的来回移动，球碰到挡板就反弹，接触到舞台背景底部时游戏结束。

1. 编写程序

单击球，开始编写程序。可是之前编写的程序却不见了，原来每个角色都可以用指令控制，在角色区单击挡板，程序就又出现了。下面开始编写控制球的程序。

（1）事件触发条件。

按下A按钮触发指令程序的执行。

（2）初始化角色位置

游戏开始时球要出现在舞台顶部中间位置，让球从顶部位置向下移动。

先将球移动到舞台区顶部的中间位置，然后在 运动 模块中使用 `移到 x: 13 y: 155` 指令积木初始化球的位置。

（3）初始化角色大小。

外观 模块中的 `将大小设为 100` 指令积木用来设置角色的初始大小，默认值为100，如果需要缩小角色，就要将数值减少，这里将球大小设为70。

（4）初始化角色方向。

想让球向挡板移动，就需要设置球面向的方向，在 运动 模块下找到 `面向 鼠标指针` 指令积木，修改为 `面向 桨`，这里的桨就是挡板，球的方向设置后，移动时就会先面向挡板然后再按指令程序移动。

（5）初始化角色程序。

之所以要初始化角色，是为了在游戏开始前，让角色在设定的位置，以指定的大小和方向出现。初始化角色指令只需运行一次，所以不用加上循环执行。如果加上循环执行，那么角色的位置、大小、方向都会固定不变，也就达不到初始化角色的目的。

编写程序，如图7-8所示，按下A按钮时，将球移动到（130,155）的坐标位置，大小设置为70，方向面向浆。按下A按钮触发程序执行，程序会从上到下顺序执行，完成角色的初始化。

（6）球反弹移动。

`碰到边缘就反弹` 指令积木如图7-9所示，编写好程序上传，连接micro:bit，按下A按钮，球动起来了。请读者思考为什么要加上循环执行积木。

图7-8　初始化角色程序　　　　图7-9　反弹移动程序

（7）球碰到挡板反弹。

如何侦测球是否碰到挡板呢？在 侦测 模块下找到 碰到 鼠标指针 ？ 指令积木，将鼠标指针设置为 桨 。

再加上条件判断，碰到挡板就执行改变球的方向指令。

球碰到挡板后，我们设置一个随机数作为球面向的方向，从而改变球的运动方向，如图7-10所示，这样可以增加游戏的趣味性，不然球每次都会向一个方向移动。

（8）碰到舞台区底部游戏结束。

通过碰到舞台区底部的颜色触发执行游戏结束指令，添加条件语句，设置执行条件。

在 侦测 模块下找到 碰到颜色 ？ 指令积木，将颜色设置成舞台区底部颜色。如图7-11所示，单击 按钮到舞台区底部提取颜色。

图7-10　碰到挡板后随机改变方向移动

图7-11　取色按钮

在 **外观** 模块下找到 说 你好! 2 秒 指令积木，更改文字为"游戏结束"。

在 **控制** 模块下找到 停止 全部脚本 ▼ 指令积木，用来停止程序运行。

如图7-12所示，弹球游戏程序编写完成，连接micro:bit进行测试。

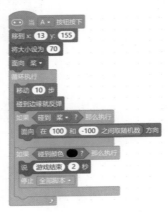

图7-12   球的完整程序

2. 调试运行

程序实现的效果：用手左右倾斜micro:bit，可以控制挡板将球接住后弹出，球碰到舞台区底部时游戏结束。弹球游戏程序调试成功。

7.4   课后练习

请读者练习如何改变球移动的速度？怎样让球随机出现？还有哪些有趣的玩法？

第 8 课 指南针

学习目标

* 了解磁力计，认识电池盒。
* 制作电子指南针。

器材准备

micro:bit。

USB数据线。

电池盒。

8.1 预备知识——磁力计与电池盒

1. 磁力计

micro:bit有多个感知外界信息的传感器，内置的磁力计能够感知磁场强度和辨别方向。通过读取磁力计的读数来判断方位，此时就可以把磁力计作为电子指南针使用。需要注意的是，附近如果有金属制品会影响读数和校准的准确性。

2. 电池盒

使用USB数据线连接micro:bit与电脑，不仅可以传输数据，还起到给micro:bit供电的作用。将编写好的程序通过USB数据线上传到micro:bit，如图8-1所示，打开电池盒盖安装上两节七号电池，连接micro:bit，就可以供电了，此时micro:bit就可以脱离电脑，单独使用了。

电池盒分为带开关和不带开关两种。带开关的电池盒可以随时关闭电源，节约电池能量，而且不需要经常插拔接头，避免因频繁插拔损坏接

图8-1　电池盒

49

头，可以更好地保护micro:bit。如果打开电池盒开关后仍不能给micro:bit供电，就需要更换电池。更换电池时，轻轻按下电池盒盖子的箭头处，向前滑动电池盒盖就可以轻松取下。

8.2　引导实践——电子指南针

生活中可以看到各种各样的指南针成品出售，随身携带的智能手机也有指南针功能，那我们自己做指南针还有意义吗？其实动手操作是实现创意的最佳途径，把自己的想法通过亲自实践来实现创意，哪怕这个创意早已在市面上有成品，但是将创意变成现实所体验的成功与满足，是世面上的产品不能替代的。

先来了解一下指南针。指南针是中国古代劳动人民在长期的实践中对磁石磁性认识的结果。作为中国古代四大发明之一，在人类不断探索新大陆的历史上有着重要的意义。指南针其实是指北的，它的主要部件是一根磁针，在地磁场的作用下可以转动并指向北方，人们便通过指针来辨别方向。

下面制作一个可以随身携带的电子指南针，在Mind+"实时模式"下编写程序上传到micro:bit中，这样就可以脱离电脑单独运行。

1. Mind+"上传模式"

在Mind+"实时模式"下，micro:bit通过USB数据线实时控制虚拟角色进行交互。如果想对多种硬件模块进行编程控制，项目完成后需脱离电脑单独运行，那么就会用到"上传模式"。单击Mind+右上角的 `实时模式 上传模式` 按钮，即可进入Mind+"上传模式"。

Mind+"上传模式"的界面如图8-2所示，"模块区"和"编程区"功能与Mind+"实时模式"相同。将"模块区"中的指令积木拖放到"编程区"，"代码区"会自动生成相应的代码。"串口监视器"通过串口调试程序显示数据。

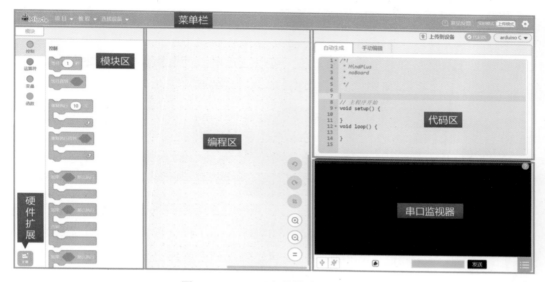

图8-2　Mind+"上传模式"主界面

2. 连接设备

进入Mind+"上传模式"，用USB数据线将电脑与micro:bit连接起来，在菜单栏单击"连接设备"连接micro:bit，micro:bit指示灯亮表示设备连接成功。

3. 编写程序

程序编写思路：通过micro:bit自带的磁力计辨别方向，当micro:bit徽标朝北时，屏幕上的箭头指向北。

（1）校准磁力计。

使用之前需要校准磁力计，旋转micro:bit，360°校准磁力计，对指南针朝向数值进行修正。当校准开始时，把micro:bit倾斜旋转一周，直到LED灯点亮整个屏幕。屏幕熄灭，显示笑脸，校准完成。

（2）屏幕显示指南针朝向。

如图8-3所示，编写程序，将编写好的程序上传到micro:bit。

单击"上传到设备"按钮，校准磁力计，校准完成后micro:bit屏幕会显示指南针的朝向数值。

（3）串口显示指南针朝向的值。

屏幕上虽然可以显示数值，但显示多位数值时需要不断滚动才可显示完整数值，观看起来十分不便。有一个简便的方法，可以通过串口读取指南针朝向的值并显示在串口监视器中。如图8-4所示，编写程序，将编写好的程序上传到设备。

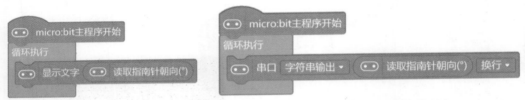

图8-3 屏幕显示指南针朝向　　　　　图8-4 通过串口读取指南针朝向

上传新程序的同时就会清除之前上传的程序。为了保证读数的准确，需要重新校准电子罗盘。校准完成后，观察串口监视器，发现只有程序上传成功的提示，没有指南针朝向的显示。

如图8-5所示，串口默认是关闭状态，需要打开串口才会显示数值。

图8-5 打开、关闭串口

打开串口后，发现micro:bit电源指示灯闪烁，这时电脑正在通过串口实时读取micro:bit指南针的朝向数值，读取的数值会快速显示在串口监视器中。再次提醒，micro:bit电源指示灯闪烁时，表示电脑正在与主控板交换数据，此时拔掉USB数据线会造成micro:bit的损坏。串口读取完数据后，一定要在关闭串口后，才能拔掉USB数据线。

（4）箭头指北。

保持micro:bit屏幕水平向上，通过串口检测，水平状态下环绕一周检测到的数据就是0°～359°。如图8-6所示，检测出指南针数值的对应关系如下：0°为正北，90°为正东，180°为正南，270°为正西。

根据指南针数值的对应关系，如图8-7所示，设置如果指南针朝向数值等于0时，显示向上箭头指向北方，不等于0时点阵屏不显示任何图案。

图8-6　指南针读数对应朝向

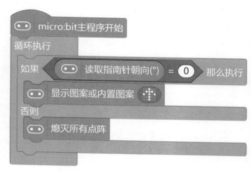

图8-7　箭头指向北

4.　调试运行

程序实现的效果：将编写好的程序保存后上传，上传成功后将micro:bit屏幕水平朝上慢慢旋转一周，当徽标指向北时，micro:bit点阵屏显示箭头图案。连接上电池盒，一个随身携带的电子指南针就制作成功了。

8.3　深度探究——制作一个能分辨东、南、西、北的电子指南针

1.　字母表示方向

点阵屏只有25个点阵，不能显示笔画较多的汉字，因此我们用字母代替汉字显示方向，分别用东（East）、南（South）、西（West）、北（North）这四个方向的英文单词的首字母E、S、W、N表示东、南、西、北四个方向。

与指南针数值对应关系为，90°为正东用字母E表示，180°为正南用字母S表

示，270°为正西用字母W表示，0°为正北用字母N来表示。

2. 多条件判断

当两个分支的条件语句不能满足实际情况时，可以通过 ▢▢ 指令积木让程序有更多的分支，单击左下角的 ➕ 可以添加更多的条件判断。此处需要用到四个条件判断东、南、西、北四个方向，如图8-8所示为插入四个执行条件。单击左下角的 ➖ 可以删除条件。

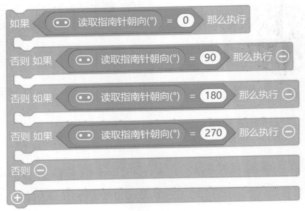

图8-8　多条件判断

3. 编写程序

如图8-9所示，当指南针朝向数值等于相应方向数值时，显示对应方向的英文字母。没有箭头怎么看方向呢？徽标 ▰▰ 前的USB数据口向前的方向就是所对应的方向。设置等待时间，便于观看朝向字母，等待时间越短，朝向越精准。

4. 调试运行

程序实现的效果：将编写好的程序保存上传。提示上传成功后，将micro:bit屏幕水平朝上慢慢旋转一周。徽标前的USB数据口指向东时屏幕显示字母E；指向南时屏幕显示字母S；指向西时屏幕显示字母W；指向北时屏幕显示字母N。接上电池盒，一个能分辨并显示东、南、西、北的电子指南针就制作成功了。

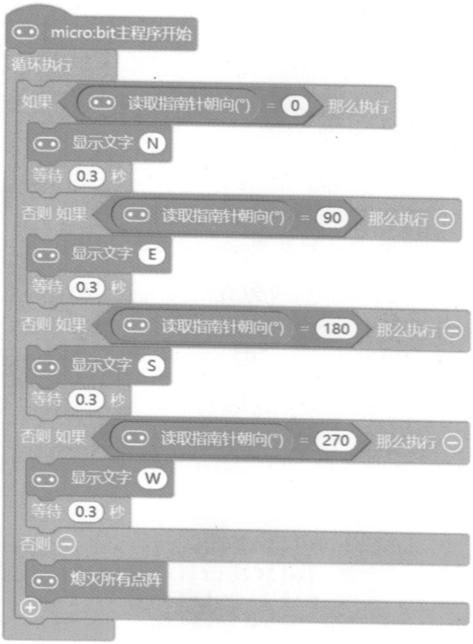

图8-9 指南针的完整程序

8.4 课后练习

（1）micro:bit上还集成了光线传感器和温度传感器，可以用来感知光线的强弱和温度的高低，试着通过串口读取环境光强度和温度值。

（2）通过串口读取加速度传感器x、y、z的值，观察测量值找出对应关系并连线。

        x   上下移动

        y   前后倾斜

        z   左右倾斜

第 ⑨ 课　数字输出

学习目标

✱ 了解数字输出。

✱ 认识Micro:Mate扩展板和LED数字发光模块。

✱ 能正确将LED数字发光模块连入电路。

✱ 编写数字信号输出控制LED灯程序。

器材准备

micro:bit、Micro:Mate扩展板、LED数字发光模块、USB数据线、3Pin线、电池盒。

9.1　预备知识——Micro:Mate扩展板与LED数字发光模块

1. Micro:Mate扩展板

Micro:Mate是一款为micro:bit设计的扩展板，如图9-1所示，Micro:Mate扩展板通过金属弹针与micro:bit连接，安装完成后仅增加5mm厚度，体积小巧，方便与扩展模块连接。

micro:bit的下方有一排金色的接口，这是micro:bit的引脚接口。micro:bit的引脚接口用来连接外部传感器、执行器等外部设备模块。如图9-2所示，Micro:Mate扩展板与micro:bit连接时，其金属引脚引出micro:bit的6组引脚接口和一组3.5mm耳机接口。P0、P1、P2、P8、P12、P16这些扩展接口可以连接外部设备，实现更多的功能。

Micro:Mate扩展板电源接口可以通过插入外部电源（如充电宝）给micro:bit供电。需要注意的是，Micro:Mate扩展板电源接口通过USB数据线不能上传程序，程序上传仍需要通过micro:bit的USB接口。

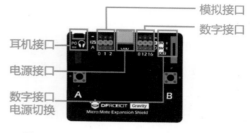

模拟接口
数字接口
耳机接口
电源接口
数字接口
电源切换

图9-1　Micro:Mate与micro:bit连接　　图9-2　Micro:Mate扩展板引脚及接口布局

将Micro:Mate扩展板数字接口电源切换到"OFF"，可以切断电源停止供电。数字接口电源切换开关默认在3V档，提供3V电压供电；将数字接口电源切换开关切换到5V电压，就可以为P8、P12、P16三个数字接口提供5V电压，以保证舵机、小型电机等5V模块能正常运行。

2. LED数字发光模块

LED数字发光模块又称为LED灯。在我们的生活中，处处可见LED灯，如LED广告灯箱、各种电器的指示灯等。LED灯功耗低，节约能源，生活照明也常用LED灯。LED是发光二极管的简称，可以将电能转化为光能，具有单向导通的特性，只允许电流从正极流向负极。micro:bit的点阵屏就是由25个红色LED灯组成的。

图9-3　LED数字发光模块

LED数字发光模块是外接LED灯，如图9-3所示，通过3Pin线连接，接线简单，LED灯有红色、蓝色等多种颜色。

9.2　引导实践——数字信号控制LED开关

在学习电路的过程中，我们经常用水的具体现象与抽象的电学概念进行类比，例如用水流类比电流，水压类比电压或电平。电平可以这样理解，高电平就像水库蓄满水的状态，电平通常为3.3V或5V；低电平就像水库干涸的状态，电平通常为0V。

数字电路中常用到0和1，"1"表示电路通，"0"表示电路断。micro:bit连接Micro:Mate扩展板后，最高电压为5V，就用"高电平"来表示，用二进制表示就是"1"。若设定电压为0V是"低电平"，用二进制表示就是"0"。这节课中，对于"数字输出"，我们设定"高电平"时二进制数是"1"，电路连通，LED灯亮；"低电平"时二进制数是"0"，电路断开，LED灯熄灭。

平常最常使用的外部设备一般都是数字量或模拟量，下面通过编写程序输出数字信号控制LED灯执行相应的操作，这里的LED灯就是执行器。执行器一般是输出设备，常见的数字执行器有LED灯模块、风扇模块、语音录放模块、继电器模块、震动模块、电磁铁，等等。

1. 连接电路

如图9-4所示，将Micro:Mate扩展板连接LED数字发光模块，将3Pin线的白色一端连接LED数字发光模块，将黑色接口按对应颜色插入Micro:Mate扩展板的P8数字引脚。

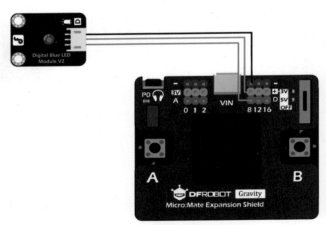

图9-4　LED灯连接P8数字引脚

Micro:Mate扩展板上有三种颜色的引脚，黑色引脚GND（-）、红色引脚VCC（+）和绿色引脚。红色引脚和黑色引脚用来给LED数字发光模块供电。绿色引脚用来输入或输出数字信号。如P8、P12、P16三个引脚。LED数字发光模块连接P8引脚，就可以向P8引脚输出数字信号控制LED灯。

2. 编写程序

程序编写思路：micro:bit向数字引脚P8输出数字信号"1"，即发出"输出高电平指令"，点亮连接在数字引脚P8上的LED灯。

程序如图9-5所示。

图9-5　点亮LED灯程序

3. 调试运行

程序实现的效果：将编写好的程序上传，提示上传成功后，P8引脚连接的LED灯亮了。如果LED灯没有点亮，检查程序中设置的数字引脚与电路连接的数字引脚是否一致。

9.3　深度探究——数字信号控制LED灯闪烁

本节讲解如何编写程序控制LED灯闪烁。

1. 连接电路

Micro:Mate扩展板连接LED数字发光模块，将LED灯连接Micro:Mate扩展板P8的数字引脚。

2. 编写程序

程序编写思路：利用循环执行积木，重复点亮、熄灭LED灯，就可以产生LED灯的闪烁效果。程序如图9-6所示。

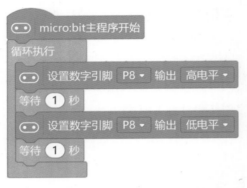

图9-6　LED灯闪烁程序

3. 调试运行

程序实现的效果：将编写好的程序上传，提示上传成功后，P8引脚连接的LED灯闪烁，更改等待时间可以控制LED灯闪烁的快慢。

9.4　课后练习

学会了控制LED灯的开关，就学会了控制各种"数字执行器"。试着利用本节课所学知识，搭建硬件，编写程序，控制风扇模块的开关。

第10课 数字输入

学习目标

* 了解数字输入。
* 认识数字运动传感器。
* 能正确地将数字运动传感器连入电路。
* 编写人体感应智能控制LED灯程序。

器材准备

micro:bit、Micro:Mate扩展板、LED数字发光模块、数字运动传感器、USB数据线、3Pin线、电池盒。

10.1 预备知识——数字运动传感器

数字运动传感器又称为数字人体红外热释电运动传感器，通过3Pin线与开发板连接，具有体积小、可靠性高、功耗低、外围电路简单等特点，如图10-1所示。数字人体红外热释电运动传感器通过检测运动的人或动物身上发出的红外线，输出数字开关信号，用于需要检测运动人体的场合，如人体触发开关灯、人体入侵警报等。

图10-1　数字运动传感器

10.2 引导实践——读取数字输入信号

当信号由外部设备向开发板发送时，开发板读取外部设备发来的信号并进行判断，发送信号的外部设备就是开发板的输入设备。

大部分的传感器都是输入设备，传感器能感受到被测量的信息，并能将感受到的信息按一定规律变换成电信号或其他所需形式的信息输出，以满足信息的传输、处理、存储、显示、记录和控制等要求。传感器的主要功能是测量数据，开发板读取测量的数据信息并进行判断后再发出指令，这样就可以实现智能控制。

　　日常生活中的LED灯是数字输出设备，其数字输出也只有两种控制状态，高电平或低电平、1或0。同样以控制LED灯为例，来讲解数字输入的程序编写。下面编写程序读取数字运动传感器输入的数字信号。

1.　连接电路

　　Micro:Mate扩展板连接数字运动传感器，如图10-2所示，将3Pin线的白色一端连接数字运动传感器，将黑色接口按对应颜色插入Micro:Mate扩展板P12数字引脚。

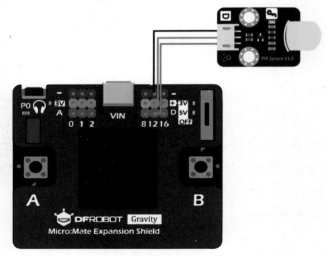

图10-2　数字运动传感器连接Micro:Mate扩展板

2.　编写程序

　　程序编写思路：通过串口显示数字运动传感器输出的数字信号，如图10-3所示，编写程序上传。

图10-3 点亮LED灯程序

观察串口监视器，如图10-4所示，读取到数字运动传感器输入的数字信号为0或1。当数字信号为0时，表示没有检测到数字运动传感器前方有人运动，表明此时为无人状态；当数字信号为1时，表示检测到数字运动传感器前方有人运动，表明此时为有人状态。

图10-4 串口监视器读取输入的数字信号

3. 调试运行

程序实现的效果：将编写好的程序保存上传。提示上传成功后，用手在数字运动传感器前方晃动，P12引脚连接的数字运动传感器监测到有人运动，串口就会将检测到的数字信号在串口监视器中显示出来。如果上传程序后串口监视器中没有任何信息显示，需检查串口是否打开。

10.3 深度探究——人体智能感应灯

编写人体感应智能控制LED灯程序。当有人来时，打开LED灯；没有人时关闭LED灯。

1. 连接电路

Micro:Mate扩展板连接LED数字发光模块和数字运动传感器，如图10-5所示，在数字引脚P8接入LED数字发光模块，在数字引脚P12接入数字运动传感器。

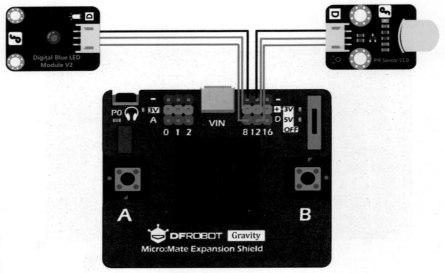

图10-5　LED数字发光模块和数字运动传感器连入电路

2. 编写程序

程序编写思路：数字运动传感器接入的是P12数字引脚，根据串口所测有人无人的状态来控制开关LED灯。如图10-6所示，编写程序上传，数字运动传感器输出值等于1时，判定有人，数字引脚P8接入的LED灯亮；数字运动传感器输出值不为1时，判定无人，数字引脚P8接入的LED灯熄灭。

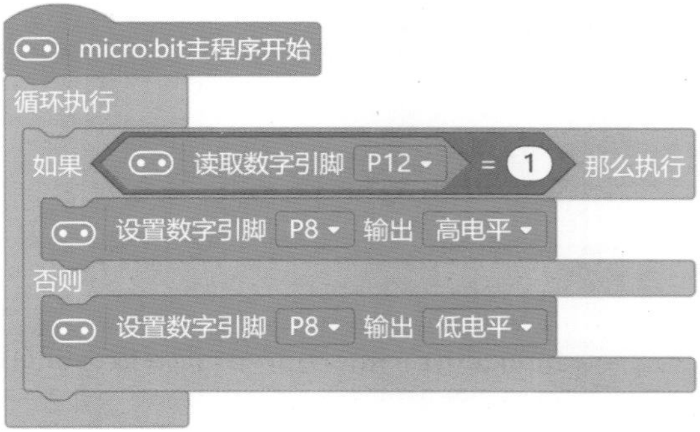

图10-6　人体感应灯程序

3. 调试运行

程序实现的效果：将编写好的程序保存上传。提示上传成功后，用手在数字运动传感器前方晃动，P12引脚连接的数字运动传感器监测到有人运动时，P8引脚连接的LED灯打开；P12引脚连接的数字运动传感器监测到无人运动时，P8引脚连接的LED灯关闭。在调试的过程中LED灯打开会有延迟，这是因为数字运动传感器有延迟，在监测到有人运动时，会延迟3秒左右输入信号。

10.4　课后练习

常见的数字传感器还有红外数字避障传感器、数字防跌落传感器、数字振动传感器、数字贴片磁感应传感器、数字钢球倾角传感器等。生活中各种各样的开关很多，倾斜开关就是应用于安全保护的开关，通过数字钢球倾角传感器检测物体是否发生倾斜。结合本课知识，搭建硬件，编写程序，利用数字钢球倾角传感器来控制LED灯的开关。

第 11 课 模拟输出

学习目标

* 了解PWM与模拟输出。
* 编写模拟输出控制LED灯程序。

器材准备

micro:bit、Micro:Mate扩展板、LED数字发光模块、USB数据线、3Pin线、电池盒。

11.1 预备知识——PWM与模拟输出

在数字电路中，电压信号不是0（0V）就是1（3V或5V），那么如何输出0～3V之间的某个电压值呢？这就要用到PWM技术。

PWM技术就是脉冲宽度调制技术，用于将一段常规信号编码为脉冲信号（即方波信号，一个不停在开与关之间切换的信号），是在数字电路中达到模拟输出效果的一种手段，即使用数字控制产生占空比不同的方波来控制模拟输出。我们要在数字电路中输出模拟信号，就可以使用PWM技术实现。简言之，就是计算机只会输出0和1，如果想输出0.5怎么办？于是输出0、1、0、1、0、1……，平均之后的效果就是0.5了。

通过PWM技术可以改变LED的明暗程度、电动机的转速等。如图11-1所示，Micro:Mate扩展板蓝色引脚有PWM输出功能，能进行模拟输出，PWM的设置范围为0～1023，对应的电压输出为0～3V。

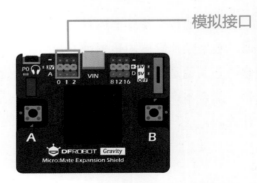

模拟接口

图11-1　具有PWM模拟输出功能的引脚

11.2 引导实践——输出模拟信号控制LED灯

编写程序输出模拟信号控制LED灯。

1. 连接电路

将Micro:Mate扩展板连接LED数字发光模块，如图11-2所示，将3Pin线的白色一端连接LED数字发光模块，将黑色接口按对应颜色插入Micro:Mate扩展板的P0引脚。

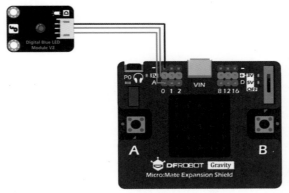

图11-2　LED数字发光模块连接P0引脚

仔细观察Micro:Mate扩展板，会发现用两种颜色区分模拟和数字引脚，蓝色的是模拟引脚（Analog）接口，用字母A表示，最大输出电压为3V；绿色的是数字引脚（Digital）接口，用字母D表示，可以切换电压为3V或5V。

2. 编写程序

程序编写思路：Micro:Mate扩展板向模拟引脚P0发出输出模拟信号指令，控制连接在引脚P0上的LED灯点亮。模拟输出点亮LED灯的程序如图11-3所示。

图11-3　模拟输出点亮LED灯的程序

3. 调试运行

模拟引脚可以输出0~1023的数值。如图11-4所示，编写程序上传。试着改变P0引脚输出的数值，上传程序，看看LED灯有什么变化？

图11-4　改变P0引脚模拟输出值

程序实现的效果：将编写好的程序保存上传。提示上传成功后，P0引脚连接的LED灯亮度根据模拟引脚输出数值产生明暗变化。模拟引脚输出的数值越大，LED灯越亮；模拟引脚输出的数值越小，LED灯越暗。

11.3　深度探究——呼吸灯

编写呼吸灯程序，即LED灯由暗变亮，再由亮变暗，循环交替显示。

1. LED灯由暗变亮

（1）编写程序。

程序编写思路：通过改变模拟输出的数值来控制LED灯由暗变亮，循环执行。将模拟输出数值设置为数字变量"呼吸值"，初始化"呼吸值"为0，将"呼吸值"每次增加5，将"呼吸值"模拟输出到P0引脚，LED灯就会产生由暗变亮的效果，直到"呼吸值"数值大于1023，不再满足循环条件，跳出内部循环进入外部循环，"呼吸值"又初始化为0，开始进入下一轮循环，如图11-5所示。

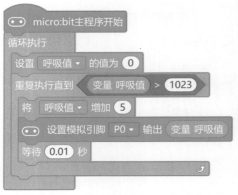

图11-5　LED灯由暗变亮程序

（2）调试运行。

程序实现的效果：将编写好的程序保存上传。提示上传成功后，P0引脚连接的LED灯逐渐由暗变亮，循环显示。更改等待时间或"呼吸值"每次增加的数值可以控制LED灯逐渐由暗变亮的频率。

2. LED灯由亮变暗

（1）编写程序。

程序编写思路：通过改变模拟输出的数值来控制LED灯由亮变暗，循环执行。将模拟输出的数值设置为数字变量"呼吸值"，初始化"呼吸值"为1023，将"呼吸值"每次减少5，将"呼吸值"模拟输出到P0引脚，LED灯就会产生由亮变暗的效果，直到"呼吸值"数值小于0，不再满足循环条件，跳出内部循环进入外部循环，"呼吸值"数字变量又初始化为1023，开始进下一轮循环，如图11-6所示。

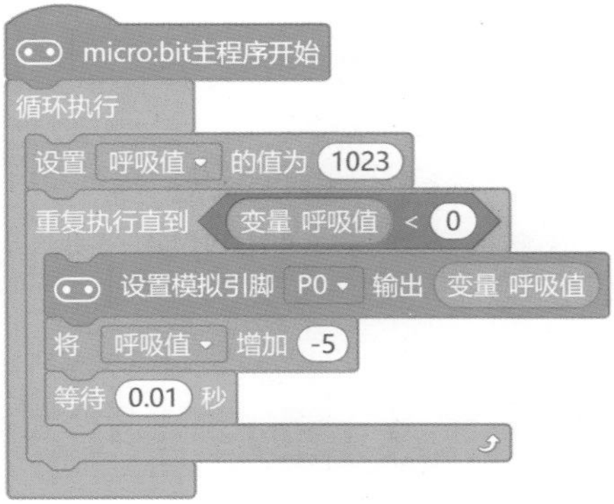

图11-6　LED灯由亮变暗程序

（2）调试运行。

程序实现的效果：将编写好的程序保存上传。提示上传成功后，P0引脚连接的LED灯逐渐由亮变暗，循环显示。

3. 呼吸灯闪烁

（1）编写程序。

程序编写思路：如图11-7所示，将两种显示效果自定义为函数模块。

如图11-8所示，在主程序中循环调用两个自定义函数，即可实现呼吸灯效果。

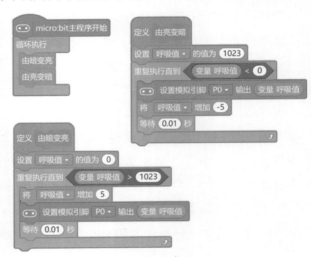

图11-7　自定义函数模块　　　　　　　　图11-8　呼吸灯程序

（2）调试运行。

程序实现的效果：将编写好的程序保存上传。提示上传成功后，P0引脚连接的LED灯逐渐由亮变暗再由暗变亮循环显示，如同呼吸一般，均匀变化。

11.4　课后练习

通过模拟输出控制风扇的风量大小，时有时无，吹出的风与自然风相似，使人感到凉爽舒适，试着运用本课知识编写模拟自然风的程序。

第12课 模拟输入

学习目标

✳ 了解模拟输入，认识模拟声音传感器。

✳ 能将模拟声音传感器正确地连入电路。

✳ 编写声控灯程序。

器材准备

micro:bit、Micro:Mate扩展板、LED数字发光模块、模拟声音传感器、USB数据线、3Pin线、电池盒。

12.1 预备知识——模拟声音传感器

模拟声音传感器是一款利用麦克风检测声音的传感器，如图12-1所示。模拟声音传感器能够感知周围环境的声音大小，并转化为模拟信号输出。它可以用来实现根据声音大小进行互动的效果，如制作声控开关、声控报警等。

图12-1 模拟声音传感器

12.2 引导实践——读取模拟信号数值

编写程序读取模拟声音传感器输入的模拟信号数值。

1. 连接电路

将Micro:Mate扩展板连接模拟声音传感器，如图12-2所示，将3Pin线的白色一端连接模拟声音传感器，将黑色接口按对应颜色插入Micro:Mate扩展板的P0模拟引脚。

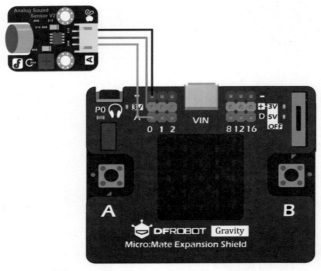

图12-2　模拟声音传感器连接P0模拟引脚

2. 编写程序

程序编写思路：通过串口显示模拟声音传感器输出的模拟信号数值，检测环境声音的强度变化。程序如图12-3所示。

图12-3　通过串口输出模拟引脚数值

观察串口监视器，如图12-4所示，串口监视器显示模拟声音传感器输入的模拟信号数值在不断变化。模拟声音传感器感知当前环境声音强度，输入的模拟信号数值会随着环境声音强度的增大或减小而变化。

图12-4 串口监视器显示输入的模拟信号

3. 调试运行

程序实现的效果：将编写好的程序保存并上传。提示上传成功后，拍手发出响声，使周围环境的声音强度变大，模拟声音传感器感知到环境声音强度增大，模拟输入的数值会随之增大；把模拟声音传感器放到安静的地方，模拟声音传感器感知到环境声音渐弱，模拟输入的数值就会随之减小。

如果上传程序后串口监视器中没有显示任何信息，需检查串口是否打开。

12.3 深度探究——声控灯

编写声控灯程序。当检测到环境声音增大时，开灯；反之，关灯。

1. 连接电路

将Micro:Mate扩展板连接LED数字发光模块和数字运动传感器，如图12-5所示，在模拟引脚P0接入模拟声音传感器感，在数字引脚P8接入LED数字发光模块。

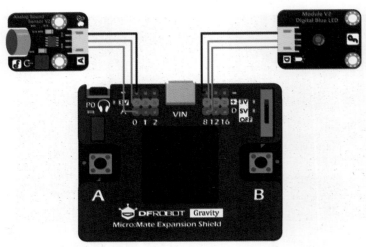

图12-5　LED数字发光模块和模拟声音传感器连入电路

2. 编写程序

程序编写思路：根据串口所测环境声音强度的值来控制开关LED灯，如图12-6所示，编写程序上传。拍手发出响声，当环境声音强度的值于大于100时，数字引脚P8接入的LED灯持续亮5秒；当环境声音强度的值不大于100时，数字引脚P8接入的LED灯熄灭。

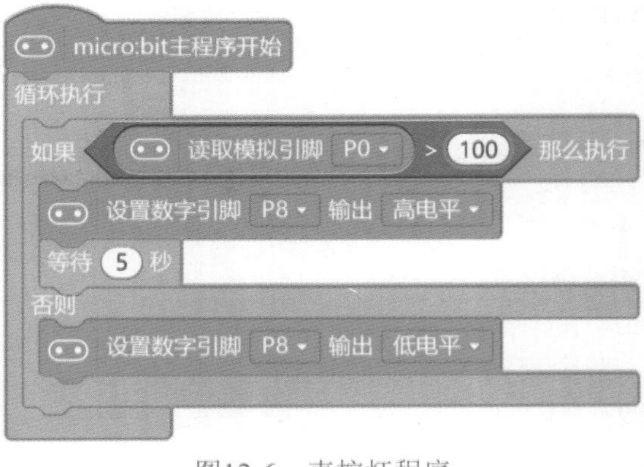

图12-6　声控灯程序

3. 调试运行

　　程序实现的效果：将编写好的程序保存并上传。提示上传成功后，拍手发出响声，灯亮；停止拍手，灯熄灭。

12.4　课后练习

　　micro:bit板载模拟温度传感器可以感知当前环境温度，通过串口监视器读取模拟温度传感器输入的模拟信号数值，可以检测出当前环境温度。制作一个温控风扇，当环境温度大于28℃时，打开风扇；当环境温度低于28℃时，关闭风扇。

第13课 智能感应灯

学习目标
* 了解逻辑运算。
* 能将数字运动传感器和模拟光线传感器正确地连入电路。
* 编写智能感应灯程序。

器材准备
micro:bit、Micro:Mate扩展板、LED数字发光模块、数字运动传感器、模拟光线传感器、USB数据线、3Pin线、电池盒。

13.1 预备知识——逻辑运算

　　逻辑运算用来表示日常语言交流中的"并且""或者""除非"等想法。英国数学家布尔用数学方法研究逻辑问题，成功地建立了逻辑运算，故又称布尔运算。逻辑运算用等式表示判断，把推理看作等式的变换，这种变换的有效性不依赖人们对符号的解释，只依赖于符号的组合规律。它由真（1）、假（0）两种状态，以及与（and）、或（or）、非（not）三种基本运算组成。在Mind+ 运算符 中可以找到与（and）、或（or）、非（not）三种逻辑运算符，如图13-1所示。

　　逻辑运算与数字电路中开和关两种状态相对应，是计算机的逻辑基础。电脑上的一切内部程序编码都由0和1表示。换句话说，计算机的所有指令行为，本质上都是由布尔逻辑所实现的。逻辑编程的程序通过证明这个假设在模型里是否为真来解决问题。最常见到的逻辑运算就是循环的处理，用来判断某个程序是否该离开循环或继续执行循环内的指令。

图13-1　逻辑运算符

13.2 引导实践——逻辑运算的"与或非"

通过按钮按下与松开的状态，对两种状态进行逻辑运算，并通过LED灯输出显示，可以更加直观地了解逻辑运算。

1. 连接电路

将LED灯、黄色按钮和红色按钮连入电路，如图13-2所示，将LED灯插入Micro:Mate扩展板P8数字引脚，黄色按钮插入Micro:Mate扩展板P12数字引脚，红色按钮插入Micro:Mate扩展板P16数字引脚。

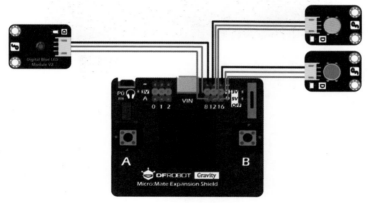

图13-2　LED灯和红、黄按钮连入电路

2. 串口显示按钮状态

通过串口显示黄色按钮按下时的状态。如图13-3所示，编写程序上传。

图13-3　串口输出P12数字引脚数值

观察串口监视器，如图13-4所示，串口监视器读取到按钮按下时的状态为1，按钮松开时的状态为0。

图13-4　串口显示黄色按钮状态

3. 编写程序

程序编写思路：按钮按下时的状态为1，表示真；按钮松开时的状态为0，表示假。通过逻辑运算后，连接P8数字引脚的LED灯输出逻辑运算结果：输出为高电平时，表示真；输出为低电平时，表示假。

（1）逻辑非。

一件事情（如LED灯点亮）的发生是以其相反的条件为依据，这种逻辑关系称为非运算。如果条件为"真"，通过"逻辑非"运算后为"假"；如果条件为"假"，通过"逻辑非"运算后为"真"。程序如图13-5所示。

若用0和1来表示按钮和灯泡状态，当按钮未按下时，状态为假（0），通过逻辑非运

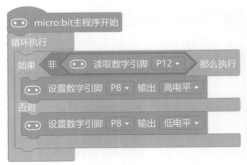

图13-5　逻辑非运算程序

算后判断为真（1），LED灯点亮；当按钮按下时，状态为真（1），通过逻辑非运算后判断为假（0），LED灯不点亮。

（2）逻辑与。

只有当一件事情（如LED灯点亮）的几个条件（黄色按钮与红色按钮都按下）全部具备之后，事情才会发生，这种关系称为"与运算"。"逻辑与"相当于文字"并且"，即几个条件同时成立的情况下"逻辑与"的运算结果才为"真"。只要有一个条件不成立，则结果为"假"。程序如图13-6所示。

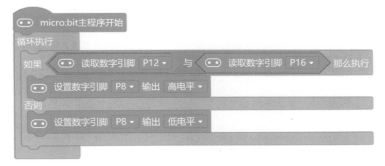

图13-6　逻辑与运算程序

按钮松开和LED灯不点亮均用0表示，而按钮按下和LED灯点亮均用1表示。想要点亮LED灯，只有将连接P12数字引脚的黄色按钮和连接P16数字引脚的红色按钮一起按下，"逻辑与"的运算结果才为"真"，LED灯才会点亮。只要两个按钮的任意一个按钮没有按下，即一个条件不成立，则结果为"假"，LED灯不会点亮。

（3）逻辑或。

当一件事情（如LED灯点亮）的几个条件（黄色按钮或红色按钮按下）中只要有一个条件得到满足，这件事就会发生，这种关系称为"或运算"。"逻辑或"相当于文字"或者"。只要有一个条件成立，"逻辑或"的运算结果就为"真"。两个条件都不成立结果才为"假"。　程序如图13-7所示。

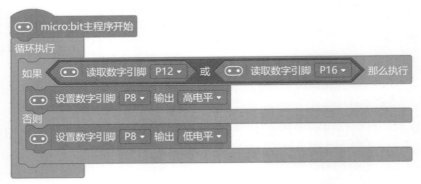

图13-7　逻辑或运算程序

如果按钮松开和LED灯不点亮均用0表示，而按钮按下和LED灯点亮均用1表示。只要有一个条件成立，即黄色按钮按下或红色按钮按下或两个按钮都按下，"逻辑或"的运算结果就为"真"，LED灯点亮；当黄色按钮和红色按钮均不按下时，两个条件都不成立，则LED灯不点亮。

13.3　深度探究——智能感应灯

在现实生活中，人体感应灯不管白天黑夜只要有人靠近灯就会亮，声控灯只要有大的响声灯就点亮。这并不符合生活中的使用逻辑。请读者思考一下，在生活中需要实现怎样的效果？

下面制作一个楼道智能感应灯。

1. 电路连接

Micro:Mate扩展板连接LED数字发光模块、模拟环境光线传感器和数字运动传感器，如图13-8所示，在数字引脚P8接入LED数字发光模块，在数字引脚P12接入数字运动传感器，在模拟引脚P0接入模拟环境光线传感器。

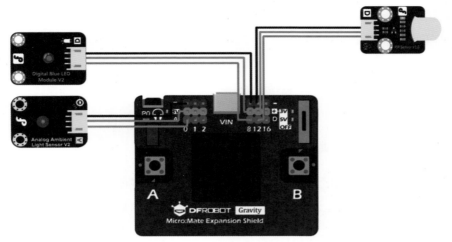

图13-8 LED数字发光模块、光线传感器和运动传感器连入电路

2. 编写程序

程序编写思路：天黑了，当有人靠近时，灯自动点亮；人离开后，灯自动熄灭。

想要同时满足多个条件，就需要用到逻辑运算。模拟光线传感器接入的是P0模拟引脚，用来感知光线的强弱，从而分辨出是白天还是夜晚。数字运动传感器接入的是P12数字引脚，用来感知是否有人运动，从而分辨是否有人经过。程序如图13-9所示，当环境光线的值小于10并且运动传感器的值等于1时，也就是"天黑"和"有人靠近"两个条件同时成立时，开灯；任何一个条件不成立都不开灯。

图13-9 智能感应灯程序

3. 调试运行

程序实现的效果：将编写好的程序保存上传。提示上传成功后，天黑有人靠近时，灯就会自动点亮，人离开后灯就会自动熄灭。

13.4　课后练习

编写智能感应风扇程序。炎炎夏日，当室温达到28℃时，有人靠近风扇，风扇自动开启；没人靠近风扇或室温不到28℃时，风扇处于关闭状态。

第14课 智能感应门

14.1 预备知识——180°舵机与模拟旋转角度传感器

1. 180°舵机

如图14-1所示,180°舵机通过一个反馈系统来控制电动机的位置,使其根据控制指令旋转到0°～180°之间的任意角度。在舵机上安装舵片,利用micro:bit控制舵机旋转角度,舵片就会随之旋转。180°舵机模块有3种颜色的连接线,中间红色线是电源线连接VCC(+),一根棕色线连接地GND(-),这两根线给舵机供电,另一根黄色线为控制信号线,输出控制角度控制舵机转动。

Micro:Mate扩展板的大驱动电流为1.2A,为保证舵机供电的稳定,请将舵机大电流元件接至数字口8、12、16,并调整至5V输出。Micro:Mate扩展板的USB接口仅作供电使用,无法用于程序上传。为

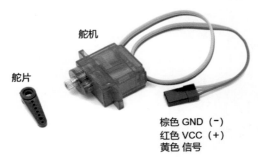

图14-1 舵机模块

了调试方便，可以用一根USB线连接micro:bit，上传程序，再使用另一根USB线连接Micro:Mate扩展板，并将电压调至5V输出，给舵机供电。需要脱离计算机单独运行时，micro:bit连接电池盒，也可以给舵机供电。

读者需要注意，舵机通电时最大扭矩可达1.5kg，用手转动舵机会非常吃力，如果强行转动会导致舵机永久性损坏。

2. 模拟旋转角度传感器

模拟旋转角度传感器又称为电位器，如图14-2所示，是一种模拟输入设备。

按键输出的数字信号为0和1，可以控制LED灯开关，但有些现象却不能用0和1来表示，比如温度会在一定范围内连续变化，不可能只有0、1两种数值，类似这样的物理量被称为模拟量。micro:bit无法识别这些模拟量，必须经过转换才能被识别处理。

图14-2 模拟旋转角度传感器

模拟旋转角度传感器实际上是一个可变电阻箱，通过旋转可得到不同电压值。当处在不同角度时，电阻值也不同。模拟旋转角度传感器将模拟值转换成1024个状态。由于micro:bit的电压变化范围是0～3V，按照分压原理，将0～3V的电压分成1024份。micro:bit的数模转换器根据返回的电压数值与输入电压的比例关系，换算成0～1023之间的具体数值，返回到micro:bit。

14.2 引导实践——旋钮开关门

14.2.1 初始舵机

为了更精准地控制舵机旋转，使用前需要先初始化舵机角度。

1. 电路连接

将Micro:Mate扩展板连接舵机模块，在数字引脚P8接入舵机模块。对照图14-3检查连线，确保无误后才能通过USB数据线连接电脑。

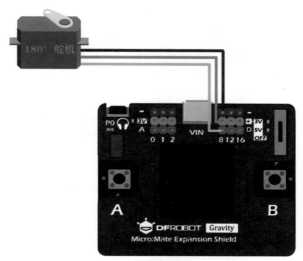

图14-3 舵机模块连接扩展板

2. 编写程序

程序编写思路：将舵片安装到舵机的任意位置，这时候并不知道舵机旋转到的角度值。为了更好地控制舵机的旋转，需要确认舵机当前旋转角度是否与设置的角度一致，旋转角度不一致时，就要将舵机角度初始化为一致。

将舵片安装到舵机的任意位置，分别设置3个方向来初始化舵机方向。

如图14-4所示，单击"执行器"加载执行器中的"舵机模块"。

在指令区单击  ，舵机指令模块中只有一条指令，可以设置舵机连接引脚及旋

图14-4 加载"舵机模块"

转角度。通过 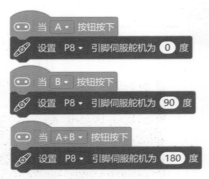 设置 P8 ▾ 引脚伺服舵机为 90 度 指令积木设置舵机引脚为P8引脚，并将舵机旋转到90°。通过 设置 P8 ▾ 引脚伺服舵机为 0 度 指令积木设置舵机引脚为P8引脚，并将舵机旋转到0°。通过 设置 P8 ▾ 引脚伺服舵机为 180 度 指令积木设置舵机引脚为P8引脚，并将舵机旋转到180°。程序如图14-5所示。

当 A ▾ 按钮按下
    设置 P8 ▾ 引脚伺服舵机为 0 度

当 B ▾ 按钮按下
    设置 P8 ▾ 引脚伺服舵机为 90 度

当 A+B ▾ 按钮按下
    设置 P8 ▾ 引脚伺服舵机为 180 度

图14-5　初始化舵机模块程序

3. 调试运行

程序实现的效果：将编写好的程序保存并上传，提示上传成功后，按下micro:bit的A按钮，舵机转动到0°，如图14-6所示，取下舵片，将舵片安装到连接线对应的方向。把舵机平放在桌上，按下micro:bit的B按钮，舵片与桌面的角度为90°，按下A按钮和B按钮，舵机转动到180°。舵机初始化角度完成，舵机可以按设置的角度旋转到相应角度。

舵机转动到0°　　　　舵机转动到90°　　　　舵机转动到180°

图14-6　初始化舵机模块

14.2.2　旋钮开关门

通过旋转模拟角度传感器控制门随着相应角度旋转，模拟实现开、关门的效果。

1. 电路连接

Micro:Mate扩展板连接舵机模块和模拟旋转角度传感器如图14-7所示，在数字引脚P8接入舵机模块，在模拟引脚P0接入模拟旋转角度传感器。

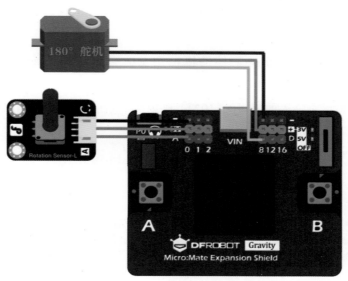

图14-7 舵机模块和模拟旋转角度传感器连接扩展板

2. 编写程序

程序编写思路：舵机模块接入的是P8数字引脚，模拟旋转角度传感器接入的是P0模拟引脚，将模拟旋转角度传感器模拟输入的值，赋值给舵机模块，就可实现控制舵机旋转，程序如图14-8所示。

图14-8 将模拟引脚输入的值赋值给舵机

3. 调试运行

程序实现的效果：将编写好的程序保存并上传。提示上传成功后，旋转模拟旋转角度传感器，发现与舵机旋转角度不符。

原来旋转角度传感器模拟引脚输入的值是0～1023，而舵机的角度值是0°～180°。

micro:bit读取P0模拟引脚旋钮的值范围是0～1023，比输出舵机角度的范围0°～180°大，旋钮的参数范围远远超出了输出范围。这时，使用"映射"指令，将旋转角度传感器模拟引脚输入的值（0～1023）映射到舵机的转动角度（0°～180°）。

在 █运算符 模块找到 映射 0 从[0 , 1023] 到[0 , 255] 指令积木，将指令积木更改为 映射 读取模拟引脚 P0 ▾ 从[0 , 1023] 到[0 , 180] ，程序如图14-9所示。

micro:bit主程序开始
循环执行
设置 P8 ▾ 引脚伺服舵机为 映射 读取模拟引脚 P0 ▾ 从[0 , 1023] 到[0 , 180] 度

图14-9 映射模拟引脚输出

将程序上传，旋转模拟旋转角度传感器，舵机会按相应的角度旋转。

14.3 深度探究——智能感应门

通过感知人体运动智能，控制舵机模拟实现开关门效果。当有人来时，自动开门；当无人时，自动关门。

1. 连接电路

将Micro:Mate扩展板连接舵机模块和数字运动传感器，如图14-10所示，在数字引脚P8接入舵机模块，在数字引脚P12接入数字运动传感器。

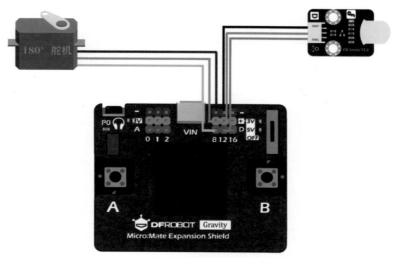

图14-10 舵机模块和数字运动传感器连接扩展板

2. 编写程序

程序编写思路：数字运动传感器接入的P12数字引脚，根据数字运动传感器有人无人的状态来控制开关门，程序如图14-11所示。当数字运动传感器输出值等于1时，判定有人来，数字引脚P8接入的舵机模块旋转到90°开门；数字运动传感器输出值不为1时，判定无人，数字引脚P8接入的舵机模块旋转到0°关门。

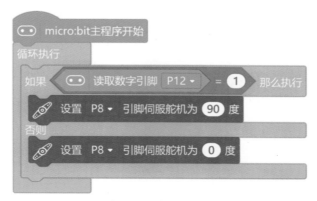

图14-11 自动门程序

3. 调试运行

　　程序实现的效果：将编写好的程序保存上传。提示上传成功后，当有人来时，舵机转动到90°，模拟实现自动开门效果；当无人时，舵机转动到0°，模拟实现自动关门效果。智能感应门和之前编写的人体感应灯的程序如出一辙，只是将灯换成了舵机，模拟实现智能开关门的动作。

　　生活中的其他智能设备，也是通过传感器模拟人的感知，实现对不同输出设备的控制。

14.4 课后练习

　　舵机看似距离我们的生活十分遥远，其实，随着人们生活水平日益提升，正在逐渐被广泛运用于各领域、各行业，满足着人们的生活需求。通过查阅资料，了解生活中舵机主要应用于哪些地方。

第15课 哆唻咪

学习目标
* 认识带功放喇叭模块。
* 能将带功放喇叭模块正确地连入电路。
* 编写演奏乐曲程序。

器材准备
micro:bit、Micro:Mate扩展板、带功放喇叭模块、USB数据线、3Pin线、电池盒。

15.1 预备知识——带功放喇叭模块

带功放喇叭模块体积小巧，使用方便，用3Pin线与设备连接，如图15-1所示。在输出音乐的同时，能确保输出音频不失真，使用螺丝刀旋转喇叭旁的蓝色旋钮可以调节音量大小。

图15-1 带功放喇叭模块

15.2 引导实践——演奏乐曲

15.2.1 播放曲目

下面播放Mind+软件自带的曲目，通过带功放喇叭模块输出声音。

1. 连接电路

Micro:Mate扩展板左上角有个3.5mm耳机接口，插入3.5mm接口耳机或音箱可以输出声音，也可以将带功放喇叭模块插入P0引脚输出声音。

Micro:Mate扩展板连接带功放喇叭模块，如图15-2所示，在模拟引脚P0接入带功放喇叭模块。

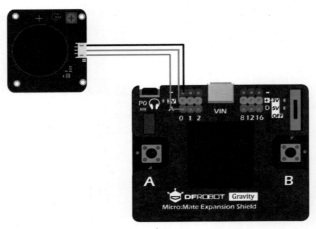

图15-2　带功放喇叭模块连接扩展板

2. 编写程序

程序编写思路：Mind+自带20首曲目，如图15-3所示，选择一首曲目通过带功放喇叭模块输出声音、播放曲目。

图15-3　播放曲目

3. 调试运行

程序实现的效果：编写程序上传，带功放喇叭模块会播放所选曲目。

15.2.2　播放音符哆唻咪

选择相应音符，通过带功放喇叭模块输出声音。

1. 连接电路

Micro:Mate扩展板连接带功放喇叭模块，在模拟引脚P0接入带功放喇叭模块。

2. 编写程序

程序编写思路：单击"播放音符"后面的白色音符选择框，会显示琴键，如图15-4所示，在琴键上找到中音"哆"音符所对应位置，即可播放中音"哆"。中音"哆"所对应数字为262，也可以在白色音符选择框中直接输入数字262，实现中音"哆"的播放。音符选择框后面是音乐节拍选项，系统默认为播放1拍。

图15-4　播放中音哆1拍

在琴键上找到中音哆、唻、咪音符，设置音乐节拍为1拍，如图15-5所示为播放音符哆唻咪程序。

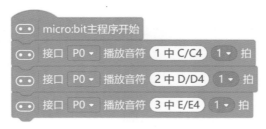

图15-5　播放音符哆唻咪

3. 调试运行

程序实现的效果：编写程序上传，带功放喇叭模块就会播放中音哆唻咪音符。

15.2.3 演奏乐曲

1. 连接电路

将Micro:Mate扩展板连接带功放喇叭模块，在模拟引脚P0接入带功放喇叭模块。

2. 编写程序

程序编写思路：根据曲谱编写播放曲目程序，通过带功放喇叭模块输出声音。

歌曲《两只老虎》简谱如图15-6所示。

两只老虎

1=C 4/4

1 2 3 1 | 1 2 3 1 | 3 4 5 - | 3 4 5 - |
两 只 老 虎，两 只 老 虎，跑 得 快， 跑 得 快，

5·6 5·4 31 | 5·6 5·4 31 | 1 5 1 - | 1 5 1 - |
一 只 没 有 眼睛，一 只 没 有 耳朵，真 奇 怪， 真 奇 怪。

图15-6　歌曲《两只老虎》简谱

对照《两只老虎》简谱选择相应的音符和节拍，在Mind+中编写程序，如图15-7所示，思考一下，为什么要用重复执行2次呢？

上面的程序只编写了《两只老虎》的前半段乐曲，请读者尝试编写后半段乐曲。

3. 调试运行

程序实现的效果：编写程序上传，带功放喇叭模块就会播放《两只老虎》乐曲。

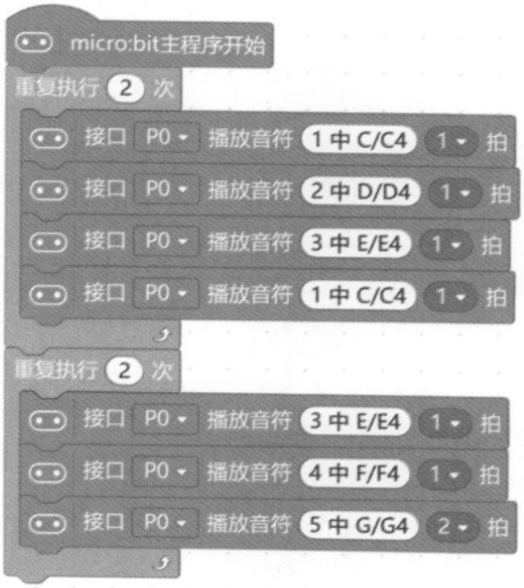

图15-7　演奏《两只老虎》代码

15.3　深度探究——弹奏乐曲

想自己弹奏音乐，可以外接7个按钮对应7个音符，每按下一个按钮就播放对应的音符，这样就可以制作电子钢琴，弹奏乐曲。手上没有那么多的按钮，怎么办？可以在Mind+"实时模式"下，把键盘当作琴键实现相同效果。

1.　连接电路

将Micro:Mate扩展板连接带功放喇叭模块，在模拟引脚P0接入带功放喇叭模块。

2.　编写程序

程序编写思路：用键盘的7个数字键对应7个音符，每按下一个数字键就播放对应的音符，实现电子钢琴弹奏效果。

在Mind+"实时模式"下制作电子钢琴，单击 实时模式 按钮，进入Mind+"实时模式"。首先设置事件触发方式，在 事件 模块中找到 当按下 空格▾ 键 指令积木，当按下空格键时执行程序指令。单击"空格"后面的小三角形，将触发方式更改为 当按下 1▾ 键 指令积木，当按下键盘上的数字1时触发事件执行。程序如图15-8所示，按下键盘上的数字键播放对应音符，带功放喇叭模块输出声音。

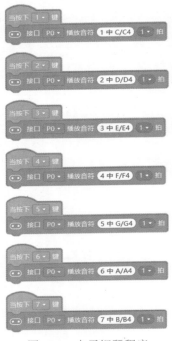

图15-8　电子钢琴程序

3. 调试运行

程序实现的效果：编写程序上传，按下键盘数字键1～7就播放对应的音符。

电脑键盘变身电子钢琴，对照《两只老虎》的简谱，赶快去弹奏一曲吧！

15.4　课后练习

找到一首自己喜欢的音乐曲谱，根据曲谱编写程序，通过带功放喇叭模块输出声音播放音乐。

第 16 课　播放MP3

学习目标

✳ 认识串口MP3模块和无源音箱小喇叭。

✳ 能将MP3模块和无源音箱小喇叭正确地连入电路。

✳ 编写店铺迎宾装置程序。

器材准备

micro:bit、Micro:Mate扩展板、串口MP3模块、无源音箱小喇叭、USB数据线、4Pin线、电池盒。

16.1　预备知识——串口MP3模块

1.　串口MP3模块

MP3是常用的音乐格式，想要播放MP3音乐就要用到串口MP3模块。串口MP3模块支持播放MP3、WAV音频格式，内置有8MB存储空间，使用方式和U盘一样，将所需的音效复制进模块内就可以随时更新音效。如图16-1所示，串口MP3模块采用串口通信，通过4Pin线与扩展板连接。

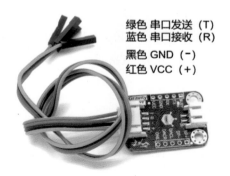

图16-1　串口MP3模块

2. 无源音箱小喇叭（8Ω3W）

如图16-2所示，将无源音箱小喇叭与串口MP3模块连接，编写程序，就可以输出声音。

图16-2　将无源音箱小喇叭连接MP3模块

16.2　引导实践——播放MP3

下面用串口MP3模块播放MP3音乐。

1. 连接电路

先将无源音箱小喇叭连接串口MP3模块，再将Micro:Mate扩展板连接串口MP3模块。如图16-3所示，串口MP3模块用4Pin线与Micro:Mate扩展板连接，红线连接红色引脚VCC（+），黑线连接黑色引脚GND（−），绿线连接P1引脚，蓝线连接P2引脚。

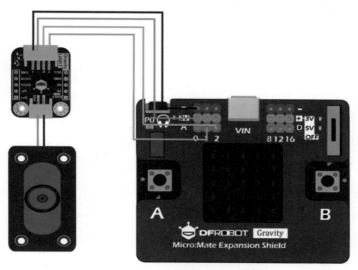

图16-3 无源音箱小喇叭和串口MP3模块连入电路

2. 加载模块

在Mind+"上传模式"下，先加载micro:bit，再加载"串口MP3模块"，如图16-4所示，在执行器中找到"串口MP3模块"进行加载。

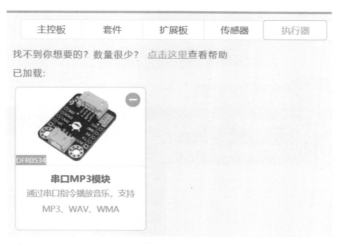

图16-4 加载"串口MP3模块"

3. 编写程序

程序编写思路：首先初始化串口MP3模块接口，建立通信通道，再设置MP3模块的播放模式及播放声音的音量大小，设置完成后添加播放指令就可以播放MP3模块内置的MP3音乐。

（1）初始化接口。

串口MP3模块是串口通信，选择硬串口会占用串口通信通道，需要将连接线拔掉才能上传程序。如何做到不占用串口通信通道也能上传程序呢？如图16-5所示，选择软串口通信，设置软串口Rx为P1引脚，Tx为P2引脚，虚拟一个软串口通信通道，不占用硬串口通信通道，就可以随时上传调试程序。

图16-5　初始化串口模块

（2）设置播放模式。

MP3模块可以设置成不同的播放模式。如图16-6所示，将MP3模块播放模式设置为播放模式。

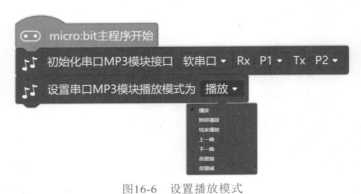

图16-6　设置播放模式

（3）播放MP3音乐。

MP3模块还可以设置音量大小。如图16-7所示，前面三条指令是初始化MP3模块接口、播放模式、音量。初始化完成，最后一条指令播放MP3模块内置的第一首歌曲。

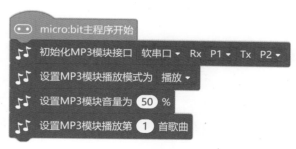

图16-7　播放第一首歌曲

4. 调试运行

程序实现的效果：编写程序上传，喇叭就会播放MP3模块内置的第一首歌曲。

想要播放自己喜欢的音乐，需要更新MP3音乐。如图16-8所示，在串口MP3模块的背面有一个USB接口，将MP3模块通过USB数据线连接到电脑可以更新MP3音乐，MP3模块支持MP3和WAV格式的音频文件更新。

图16-8　串口MP3模块USB接口

与电脑连接后，电脑会显示MP3模块盘符，打开后可以看见MP3模块内置的多首

MP3音乐。在盘符上右击，选择"属性"选项，会显示出盘符的容量大小。如图16-9所示，自带音效文件占用1MB空间，还剩下近7MB空间可以存放音效文件。将自己喜欢的MP3音乐文件复制到MP3模块盘符内，需要注意的是复制的MP3音乐必须存储在根目录下，MP3文件名要用数字表示，如01.mp3、02.mp3。这里的数字就是设置MP3模块播放第几首歌曲的序号，如果不按数字序号命名，MP3音乐不能播放。

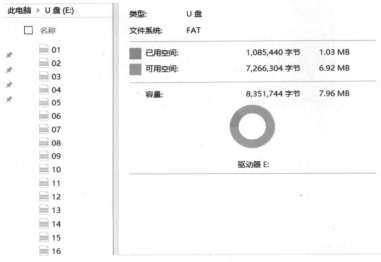

图16-9　MP3模块可用空间

在MP3模块上传自己喜欢的音乐，编写程序上传，就可以播放上传的音乐了。

16.3　深度探究——语音迎宾感应器

编写一个店铺迎宾装置程序，当人靠近店门时，发出"欢迎光临"的语音。请读者思考一下，我们需要用到哪个传感器来检测是否有人来？想想之前的感应灯、自动门案例，是不是已经有了答案。

1. 连接电路

先将无源音箱小喇叭连接MP3模块，再将Micro:Mate扩展板连接MP3模块和数字运动传感器。如图16-10所示，MP3模块用4Pin线与Micro:Mate扩展板连接，红线连接红色引脚VCC（+），黑线连接黑色引脚GND（-），绿线连接P1引脚，蓝线连接P2引脚；数字运动传感器接入P8数字引脚。

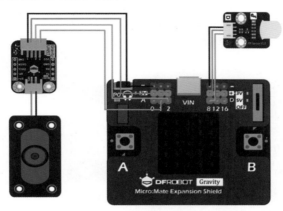

图16-10　串口MP3模块和数字运动传感器连入电路

2. 下载语音

打开"站长素材"网站，如图16-11所示，在网站"音效"分类中搜索"欢迎光临"音效并下载。

图16-11　下载"欢迎光临"音效

3. **更新音效**

将MP3模块与电脑连接，将下载的"欢迎光临"音效复制到MP3模块，命名为01.MP3，更新音效。

4. **编写程序**

程序编写思路：店铺门口的智能迎宾装置，数字运动传感器侦测到有人时，micro:bit向MP3模块发出指令播放"欢迎光临"语音。程序如图16-12所示。当数字运动传感器输出值等于1时，判定有人来，连接扩展板的MP3模块播放"欢迎光临"语音。

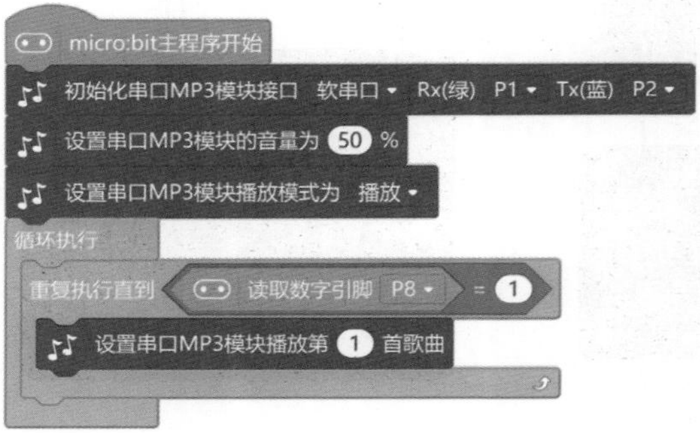

图16-12　智能迎宾装置程序

5. **调试运行**

程序实现的效果：店铺门口的智能迎宾装置，当有人来时，播放"欢迎光临"语音。更换不同的应用场景，就可以实现不同功能。将装置放在博物馆，当有人来时，自动播放语音讲解，博物馆"智能语音讲解器"就能实现自动语音讲解功能。

16.4　课后练习

制作一个校园植物智能语音讲解装置，当有人靠近植物时，自动播放语音介绍植物名称、习性等特点。可以通过电脑系统或手机上自带的录音工具录制语音，录制完成后保存语音时要注意保存的文件格式为MP3或WAV音频格式。

第17课 七彩RGB灯

学习目标

* 了解RGB三原色，认识RGB全彩单灯珠模块和RGB 全彩灯带。
* 能将RGB全彩单灯珠模块和RGB 全彩灯带正确地连入电路。
* 能编写控制RGB灯显示不同效果的程序。

器材准备

micro:bit、Micro:Mate扩展板、RGB全彩单灯珠模块×3、RGB 全彩灯带（7灯珠）、USB数据线、3Pin线、电池盒。

17.1 预备知识——RGB单灯珠模块与RGB灯带

1. RGB三原色

自然界中所有的颜色都可以用红、绿、蓝这三种颜色组合而成，这就是人们常说的三基色原理。因此，这三种光常被人们称为三基色或三原色，三原色模式图如图17-1所示。

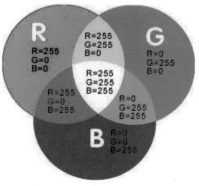

图17-1　RGB三原色模式图

2. RGB全彩单灯珠模块

RGB全彩单灯珠模块简称RGB灯，如图17-2所示，是一款可级联的RGB全彩单灯珠模块。在使用扩展板外部供电的情况下，可级联多个RGB灯，总长可达数十米。

图17-2　多个RGB全彩单灯珠模块级联

3. RGB 全彩灯带（7灯珠）

如图17-3所示，RGB全彩灯带由7个全彩LED组成，仅需一根信号线即可控制7个全彩LED，每一颗LED都是一个独立的像素点，每个像素点都是由RGB三原色组成，每一个像素点可以单独点亮。RGB用3Pin线连接，LED灯与电路被完全包裹在柔性塑料中，绝缘防水，使用安全。

图17-3　RGB全彩灯带

17.2 引导实践——交通信号灯

17.2.1 变色灯

将3个RGB全彩单灯珠模块级联，并能随机显示颜色，以达到变色灯效果。

1. 连接电路

将3个RGB全彩单灯珠模块级联，在Micro:Mate扩展板上连接级联的RGB全彩单灯珠模块，如图17-4所示，在数字引脚P8接入级联的RGB全彩单灯珠模块。

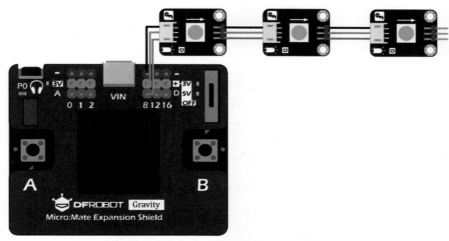

图17-4　3个级联的RGB全彩LED模块连接扩展板

2. 加载模块

在Mind+"上传模式"下，先加载micro:bit，如图17-5所示，再加载RGB灯，在显示器中找到RGB灯进行加载。

零起步 Mind+创客教程——基于micro:bit开发板

图17-5　加载RGB灯

3. **编写程序**

程序编写思路：想要制作变色灯效果，需要将3个RGB全彩单灯珠模块级联。首先初始化RGB灯，然后通过随机数改变红、绿、蓝三原色光的比例，加上等待时间，每隔1秒变一次颜色。

（1）初始化RGB灯。

先初始化RGB灯的引脚，初始化引脚要与连接RGB灯的引脚一致，如图17-6所示，RGB灯连接P8引脚，初始引脚也要设置为P8引脚。接着初始化RGB灯的个数，级联了3个RGB 灯，初始化总灯数为3。最后初始化RGB灯的亮度，RGB灯的默认初始亮度为255，发出的光太刺眼，为了保护眼睛，将亮度设置为30。

图17-6　初始化RGB灯

（2）显示蓝色。

RGB灯初始化完成后，如图17-7所示，设置RGB灯显示蓝色。RGB灯灯号是从0号开始，连接1个RGB灯，灯号设置为0到0；级联2个RGB灯，灯号设置为0到1；级联

3个RGB灯，灯号设置为0到2，以此类推。想要设置RGB灯显示蓝色，只需单击显示颜色后面的颜色选择框，选择蓝色即可。

图17-7　RGB灯显示蓝色

（3）显示任意颜色。

如图17-8所示，将蓝色替换成 RGB灯 引脚 P2 ▾ 红 255 绿 255 蓝 255 。更改RGB3种颜色数值可以显示任意颜色。

图17-8　RGB灯显示白色

（4）变色灯。

为了使RGB灯每次显示的颜色不一样，就要用到随机数指令，图17-9所示是通过随机数改变红、绿、蓝三原色光的不同值，就可以混合出不同的颜色，再加上等待时间，循环执行，RGB灯就会每隔一段时间变换一种颜色。

图17-9　变色灯程序

4. 调试运行

程序实现的效果：编写程序上传，3个RGB灯会每隔1秒变换一次颜色。如果没有实现变色灯效果，检查RGB灯的引脚设置是否一致。

17.2.2 交通信号灯

根据RGB灯能改变颜色的特性，用RGB全彩单灯珠模块模拟交通信号灯，显示交通信号。

1. 连接电路

Micro:Mate扩展板连接RGB全彩单灯珠模块，在数字引脚P8接入RGB全彩单灯珠模块。

2. 编写程序

程序编写思路：路口的交通信号灯由红色、绿色、黄色3种颜色的灯交替显示。模拟交通信号灯的效果是，首先红灯亮10秒，接着黄灯亮3秒，然后绿灯亮10秒，RGB灯按照这个顺序循环显示。

连接好电路后，加载RGB灯编写程序。模拟交通信号灯程序如图17-10所示。

图17-10　模拟交通信号灯程序

3. 调试运行

程序实现的效果：将编写好的程序上传就可以看到RGB灯按时间依次循环显示，呈现出模拟交通信号灯的效果。

17.3　深度探究——流水灯

17.3.1　彩虹灯

下面用RGB 全彩灯带显示彩虹灯的效果。

1. 连接电路

Micro:Mate扩展板连接RGB 全彩灯带，如图17-11所示，在数字引脚P8接入数字RGB 全彩灯带。

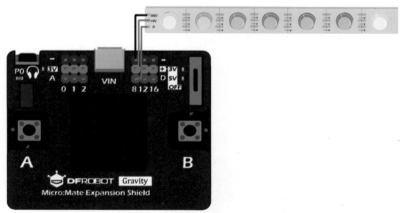

图17-11　RGB全彩灯带连接扩展板

2. 编写程序

程序编写思路：初始化RGB全彩灯带引脚为P8引脚。初始化RGB灯的个数，RGB全彩灯带上有7个RGB 灯，初始化总灯数为7，灯号为0～6。初始亮度为30，显示渐变颜色色调为1～360。程序如图17-12所示。

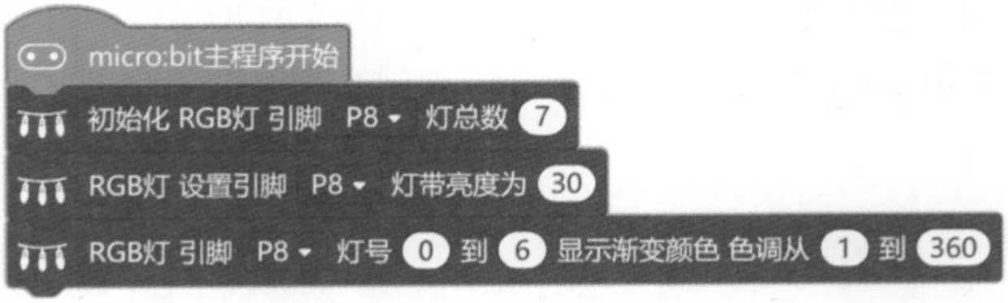

图17-12　显示彩虹灯

尝试更改色调数值，看看RGB 全彩灯带显示效果有什么变化？

3. 调试运行

程序实现的效果：将程序程序上传后RGB 全彩灯带显示彩虹灯效果。

当RGB 全彩灯带不显示时，检查引脚是否设置正确。

17.3.2　流水灯

RGB 全彩灯带显示流水灯效果。

1. 连接电路

Micro:Mate扩展板连接RGB 全彩灯带，在数字引脚P8接入数字RGB 全彩灯带。

2. 编写程序

程序编写思路：初始化灯总数和亮度后，设置显示彩虹灯效果，如图17-13所示，每隔0.2秒RGB灯循环移动1个灯珠位置，以达到流水灯的效果。

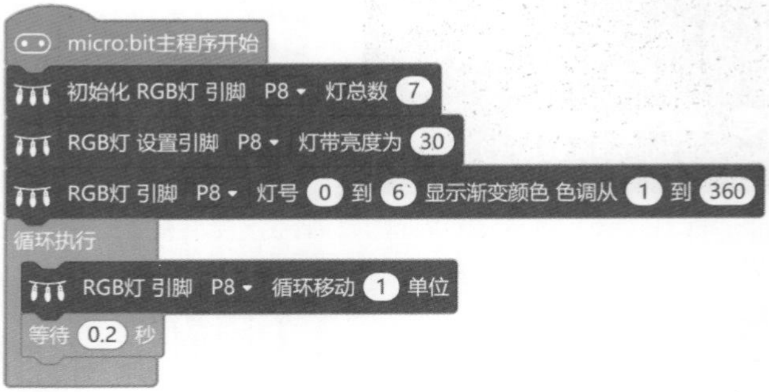

图17-13　流水灯程序

3. 调试运行

　　程序实现的效果：将程序上传后，RGB全彩灯带显示流水灯效果。如果更改间隔时间可以调整显示的快慢，更改循环每次移动2个单位，RGB灯会以2个灯珠位置移动。

17.4　课后练习

　　夜幕降临，城市里霓虹闪烁。模拟天黑自动开启流水灯，天亮自动关闭流水灯的效果。

第 *18* 课　测距报警

学习目标
* 认识模拟超声波传感器和数字蜂鸣器模块。
* 能将模拟超声波传感器和数字蜂鸣器模块正确连入电路。
* 编写超声波测距预警程序。

器材准备

micro:bit、Micro:Mate扩展板、模拟超声波传感器、数字蜂鸣器模块、USB数据线、3Pin线、电池盒。

18.1　预备知识——模拟超声波传感器与蜂鸣器

1. 模拟超声波传感器

　　模拟超声波传感器用3Pin线连接，接线简单。如图18-1所示，模拟超声波传感器采用双探头设计，缩小了探测盲区。模拟超声波传感器有效测距量程为2～500cm，分辨率为1cm，误差约为±1%。

图18-1　模拟超声波传感器

　　模拟超声波传感器由超声波发射器、接收器与控制电路组成。工作原理如图18-2

所示：超声波测距模块触发信号后发射超声波，当超声波投射到障碍物表面被反射回来后，模块输出一段回响信号，以触发信号和回响信号间的时间差来计算物体的距离。

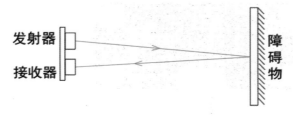

图18-2 超声波传感器原理

2. 数字蜂鸣器模块

如图18-3所示，数字蜂鸣器模块是传感器模块中最简单的发声装置，通过高电平信号输出能发出响亮的报警声。

图18-3 数字蜂鸣器模块

18.2 引导实践——超声波测量距离

通过模拟超声波传感器测量物体之间的距离。

1. 连接电路

Micro:Mate扩展板连接模拟超声波传感器，如图18-4所示，在模拟引脚P0接入模拟超声波传感器。

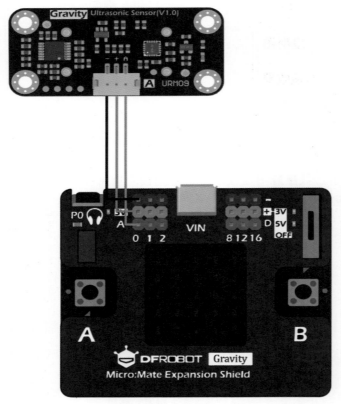

图18-4 模拟超声波传感器连接扩展板

2. 加载模块

在Mind+"上传模式"下，先加载micro:bit，如图18-5所示，在"传感器"中搜索"模拟超声波"，加载"模拟超声波测距传感器"模块。

图18-5 加载"模拟超声波测距传感器"模块

3. 编写程序

程序编写思路：将读取到的超声波测量到的距离在micro:bit的点阵屏上显示，程序如图18-6所示。

图18-6 超声波测距程序

4. 调试运行

程序实现的效果：编写程序上传，测量物体距离。测量距离时要考虑模拟超声波测量的有效距离是2～500cm，误差约为±1%。将模拟超声波放到尺子上对比出误差距离，超声波测量出来的距离减去误差距离，得到的值更准确。

18.3 深度探究——超声波测距报警

模拟汽车倒车雷达，当与物体距离小于100cm时发出警报。

1. 电路连接

Micro:Mate扩展板连接模拟超声波传感器和数字蜂鸣器模块，如图18-7所示，在模拟引脚P0接入模拟超声波传感器，在数字引脚P8接入数字蜂鸣器模块。

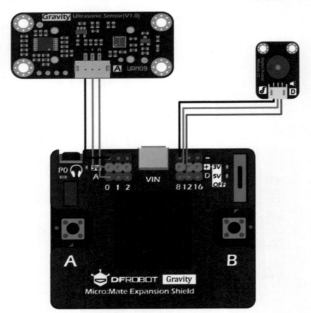

图18-7 模拟超声波传感器和蜂鸣器模块连接扩展板

2. 编写程序

程序编写思路：通过超声波测量的距离控制蜂鸣器发出警报，程序如图18-8所示。模拟超声波传感器测出的距离小于100cm时，执行P8引脚输出高电平，蜂鸣器发出警报声，否则P8引脚输出低电平，蜂鸣器不发出警报声。

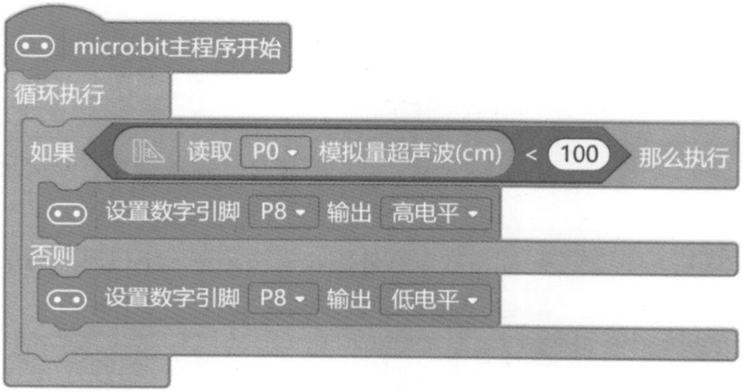

图18-8　测距报警程序

3. 调试运行

程序实现的效果：模拟汽车倒车时遇到障碍物发出警报声的效果。将模拟超声波传感器面对墙前后移动，模拟超声波传感器与墙之间的距离小于100cm时，蜂鸣器发警报声；模拟超声波传感器与墙之间的距离大于等于100cm时，蜂鸣器停止发声。

18.4　课后练习

利用模拟超声波传感器制作一个身高测量仪，看看谁测出来的身高数值最准确。

第19课 遥控风扇

19.1 预备知识——数字红外接收模块与直流电机风扇模块

1. 数字红外接收模块

　　数字红外接收模块可接收红外遥控器发射的标准38kHz调制信号，如图19-1所示，模块内置接收管，将红外发射管发射出来的光信号转换为微弱的电信号，经放大、整形、解调等步骤，最后还原成原来的脉冲编码信号。通过编程，即可实现对红外遥控信号的解码操作，并将遥控器的指令赋予相应的执行动作来完成互动效果。

图19-1　数字红外接收模块

2. 红外遥控器

　　红外遥控器是生活中常用的遥控设备，如图19-2所示，家里的电视机、空调、风扇都可通过红外遥控器实现遥控操作。

图19-2　红外遥控器

红外遥控器发射标准为38kHz的调制信号，其核心元器件是编码芯片，将需要实现的操作指令事先编码，见表19-1。当按下遥控器上的任意一个按键时，遥控器产生一串脉冲编码后形成遥控电信号，电信号驱动红外发光二极管，将电信号变成光信号发射出去，发射出去的光就是红外光。

表19-1　红外遥控器编码

遥控器字符	编码	遥控器字符	编码
红色按钮	FD00FF	0	FD30CF
VOL+	FD807F	1	FD08F7
FUNC/STOP	FD40BF	2	FD8877
快退/上一首	FD20DF	3	FD48B7
播放/暂停	FDA05F	4	FD28D7
快进/下一首	FD609F	5	FDA857
向下三角	FD10EF	6	FD6897
VOL-	FD906F	7	FD19E7
向上三角	FD50AF	8	FD9867
EQ	FDB04F	9	FD58A7
ST/REPT	FD708F		

红外线发射管通常的发射角度为30°～45°，角度大距离就短，反之亦然。红外遥控器沿光轴上的遥控距离可以达8.5m，偏离光轴的角度变大，遥控距离就会变短。

3. 直流电机风扇模块

如图19-3所示，直流电机风扇模块是常用的输出模块，采用软扇叶设计，使用安全。直流电机风扇模块可以通过高低电平信号控制风扇开关，也可以通过模拟输出调节电机的转速来控制风力大小。

图19-3　直流电机风扇模块

4. 变量

"变量"是什么呢？从字面上理解，它就是"可以变化的量"。当我们定义了一个变量后，就可以给这个变量赋值，这个值是可以变化的。变量像是一个容器盒子，你可以把信息（如数字、字符）存放在里面，还可以进行修改，需要时提取信息使用，不需要时就放在盒子里。

19.2　引导实践——获取红外编码

编写程序获取红外遥控器发射的编码。

1. 连接电路

Micro:Mate扩展板连接数字红外接收模块，如图19-4所示，在数字引脚P8接入数字红外接收模块。

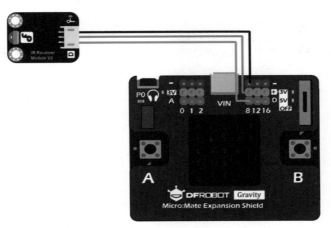

图19-4 数字红外接收模块连接扩展板

2. 加载模块

在Mind+"上传模式"下，加载micro:bit后，如图19-5所示，在"通信模块"中加载"红外接收"模块。

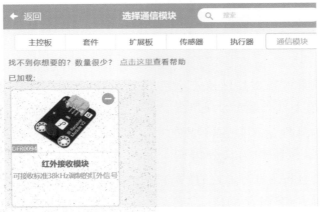

图19-5 加载"红外接收"模块

3. 新建字符类型变量

新建字符类型变量存放红外编码，如图19-6所示，在"变量"指令模块中单击"新建字符类型"，并将变量命名为"红外编码"。

图19-6　新建字符类型变量

4. 编写程序

　　程序编写思路：设置变量"红外编码"，用来存放连接P8引脚的红外接收模块接收到的字符编码。当接收到红外信号时，串口输出显示红外编码，程序如图19-7所示。

图19-7　串口输出显示红外编码

5. 调试运行

　　程序实现的效果：在串口区单击  图标打开串口，按下红外遥控上的1号键，红外遥控发出红外信号，如图19-8所示，串口区显示接收到的红外编码"FD08F7"。接着再按下红外遥控的2号键、3号键、4号键、5号键、6号键，串口区分别显示接收到的红外编码是"FD8877""FD48B7""FD28D7""FDA857""FD6897"。

图19-8　串口区显示接收到的红外遥控按键编码

19.3 深度探究——红外遥控风扇

1. 连接电路

Micro:Mate扩展板连接数字红外接收模块和风扇模块，如图19-9所示，在数字引脚P8接入数字红外接收模块，在数字引脚P12接入风扇模块。

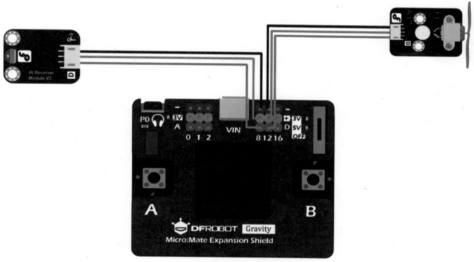

图19-9 数字红外接收模块和风扇模块连接扩展板

2. 编写程序

程序编写思路：通过对接收到的红外编码进行判断控制风扇转动，如果接收到1号键红外编码"FD08F7"，则风扇转动；接收到2号键红外编码"FD8877"，则风扇停止转动，程序如图19-10所示。

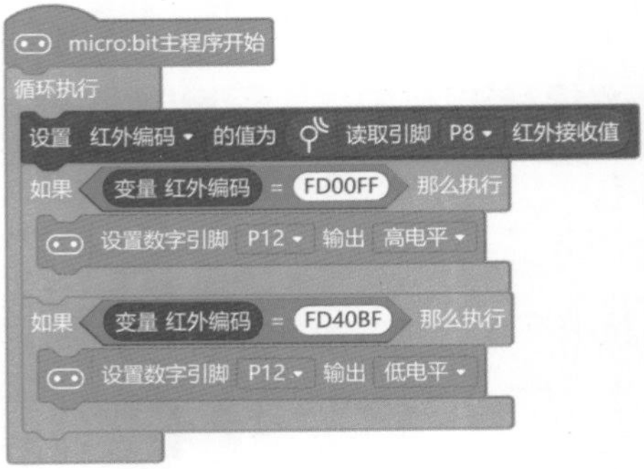

图19-10　遥控风扇程序

3. 调试运行

程序实现的效果：按下红外遥控1号键风扇转动；按下红外遥控2号键风扇停止转动。

如按下红外遥控1号键风扇不转动，检查红外编码是否与按键编码相对应。

19.4　课后练习

用数字红外信号发射模块控制风扇开关。

如图19-11所示，数字红外信号发射模块可发射标准38kHz的红外信号，通过编程可实现对38kHz数字红外信号接收模块的指令操作。数字红外信号发射模块和micro:bit配合使用可实现红外无线通信。

图19-11　数字红外信号发射模块

第20课 天气播报

学习目标

* 了解AI语音、语音合成、语音识别。

* 编写天气播报程序。

器材准备

联网的电脑、micro:bit、Micro:Mate扩展板、USB数据线、麦克风、扬声器。

20.1 预备知识——AI语音

1. 百度大脑——AI语音

AI是人工智能（Artifical Intelligence）的英文缩写，AI可以对人的意识、思维的过程进行模拟。AI通过计算机技术模拟人的大脑，使机器可以像人一样思考。百度大脑是百度AI核心技术引擎，包括视觉、语音、自然语言处理、知识图谱、深度学习等AI核心技术和AI开放平台。百度语音技术基于业界领先的声学模型和语音模型，可将声音与文字信息进行相互转换，可用于智能导航、语音输入、语音搜索、智能客服、文字有声阅读等场景。百度语音主要包括语音识别、语音合成、语音唤醒三大能力。

2. 语音合成

利用计算机模拟人的声音，使电脑具有类似于人的说话能力，采用的是语音合成技术。语音合成又称文语转换（Text to Speech）技术，能将任意文字信息实时转化为标准流畅的语音，相当于给机器装上了嘴巴，使机器能开口"说话"。它涉及声学、语言学、数字信号处理、计算机科学等多个学科技术，是中文信息处理领域的一项前沿技术，解决的主要问题是如何将文字信息转化为可听的声音信息，即让机器像人一样开口"说话"。这里所说的让机器像人一样开口"说话"与传统的声音回放设备有着本质的区别。传统的声音回放设备，如录音机，是通过预先录制声音然后回放来实现让机器"说话"。这种方式无论是在内容、存储、传输还是方便性、及时性等方面都存在很大的限制。通过计算机语音合成技术则可以在任何时候将任意文本转换成语音，从而真正实现让机器像人一样开口"说话"。

3. 语音识别

与机器进行语音交流，让机器明白其他人在说什么，语音识别技术也被称为自动语音识别（Automatic Speech Recognition，ASR），其目标是将人类的语音中的词汇内容转换为计算机可读的输入，例如按键、二进制编码或者字符序列。语音识别技术就是让机器通过识别和理解过程把语音信号转变为相应的文本或命令的技术。语音识别较语音合成而言，技术上要更复杂，但应用却更广泛。语音合成和语音识别技术是实现人机语音通信，建立一个有听和讲能力的语言系统所必需的两项关键技术。随着AI时代的到来，走进千家万户的智能语音音箱，就是采用语音识别技术和语音合成技术。AI智能语音技术已经成为人们信息获取和沟通最便捷、最有效的手段。

20.2　引导实践——文字朗读与语音识别

20.2.1　AI语音——文字朗读

1. 加载模块

在Mind+"实时模式"下，先加载micro:bit，再扩展"网络服务"。如图20-1所示，在"网络服务"下加载"文字朗读"模块，无须购买任何硬件模块即可体验AI语音。AI模块通过百度大脑进行识别，需要电脑联网才能进行数据识别。

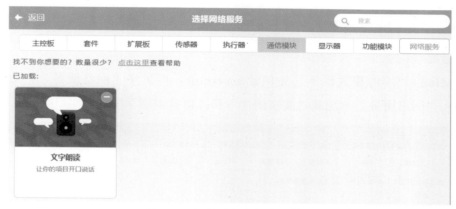

图20-1　加载"文字朗读"模块

2. 编写程序

程序编写思路：设置按键触发的方式，初始化朗读的嗓音及语言。输入朗读的文本内容，利用语音合成技术，将文字信息转化为可听的声音信息，通过扬声器播放出来。

如图20-2所示的程序，是在Mind+"实时模式"下朗读"你好"。

前两条指令初始化嗓音和朗读语言，最后一条发出朗读指令。如图20-3所示，想要朗读其他语言，需要将朗读信息要更改为所设置的语言信息。

图20-2　朗读中文"你好"

图20-3　朗读英文"hello"

3. 调试运行

程序实现的效果：程序上传后，电脑会模拟人的声音读出不同的语言，使用不同的嗓音可以模拟出不同的人声效果。

20.2.2　AI语音——语音识别

1. 加载模块

在Mind+"实时模式"下，先加载micro:bit，再扩展"网络服务"。如图20-4所示，在"网络服务"下加载"文字朗读"和"语音识别"模块。

图20-4　加载"文字朗读"和"语音识别"模块

2. 编写程序

程序编写思路：如图20-5所示，通过按钮触发语音识别，利用百度大脑的语音识别技术，将识别到的语音信号转变为相应的文本信息，通过舞台角色显示出文本信息。

图20-5　语音识别

3. 调试运行

程序实现的效果：程序上传后，按下micro:bit的A按钮，对着麦克风说"你好"，按下A按钮触发开始语音识别，5秒后语音识别结束，舞台角色显示识别文字2秒。舞台区显示声波图 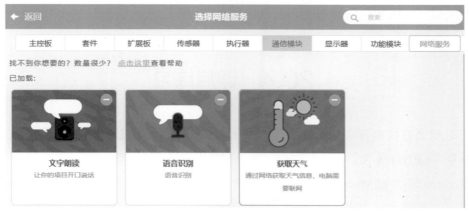 可以观察有无声音情况，语音识别时如声波图无变化，需检查麦克风是否与电脑正常连接。

20.3　深度探究——天气播报

当有人询问"今天北京天气怎样"，可通过AI语音进行回答。

1. 加载模块

在Mind+"实时模式"下，先加载micro:bit，再扩展"网络服务"。如图20-6所示，在"网络服务"下加载"文字朗读""语音识别"和"获取天气"模块。通过"获取天气"模块可以获取城市天气情况。

图20-6　加载"文字朗读""语音识别"和"获取天气"模块

2. 编写程序

程序编写思路：如图20-7所示，单击 ▶ 按钮，开始语音识别，利用百度大脑的语音识别技术，将识别到的语音信号转变为相应的文本信息，当被识别的文本信息包含"北京天气"关键词时，执行获取北京天气代码，并利用语音合成技术将北京天气情况朗读出来。

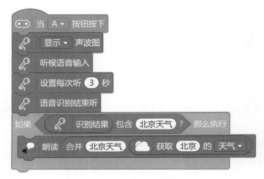

图20-7　天气播报

3. 调试运行

程序实现的效果：编写好程序上传，单击 ▶ 按钮开始语音识别，对准麦克风说"今天北京天气怎样"，语音识别3秒后，在语音识别的文字中如果出现"北京天气"的关键词，电脑自动回答北京天气情况。

20.4　课后练习

利用AI语音控制开关LED灯。发出"开灯"语音指令，LED灯亮；发出"关灯"语音指令，LED灯熄灭。

将micro:bit连接Micro:Mate扩展板，扩展板连接LED数字发光模块，将LED数字发光模块接入P8数字引脚。

在Mind+"实时模式"下编写程序，如图20-8所示。

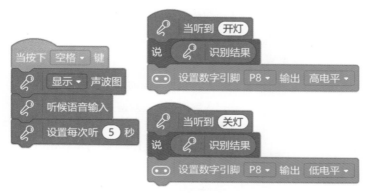

图20-8　AI语音控制开关灯

　　按下空格键触发AI语音识别，每次识别5秒，舞台区显示声波图，AI语音识别开始，角色说出识别结果是为了查看发出的语音指令有没有被正确识别，语音识别后角色会显示发出的语音指令文字。发出"开灯"语音指令，LED灯亮；发出"关灯"语音指令，LED灯熄灭。家里的智能音响控制开关灯的原理与之相似。

第21课 欢迎回家

21.1 预备知识——AI图像

1. AI图像

通过AI图像识别功能，可以完成人脸识别、人脸对比、常用物体识别、文字识别、车牌识别、手势识别、人体关键点识别等功能。在Mind+"实时模式"下，只用一台带摄像头的电脑即可体验AI图像识别功能。

2. 人脸识别

人脸识别是人工智能在日常生活中最典型的应用，是一种基于人的脸部特征信息进行身份认证的生物特征识别技术。

人脸识别系统的运行一般包括确立识别算法、获取原始图像数据、摄取现场图像、对比分析图像数据、给出人脸识别相似度等过程。

（1）确立识别算法。

不同的人脸识别系统有不同的算法，最常用的是基于人脸特征点的识别算法。这个算法首先通过大数据采集几百或者上万人的人脸信息，把人脸划分为几十个关键点，分析每一部分的特点，以数据形式建立识别算法下的人脸数据库，在实际人脸识别时就是用这个算法来实施。

（2）获取原始图像数据。

要识别是不是某人，先要采集某人的图像信息，系统会应用算法分析出某人的人脸特征数据，保存在人脸数据库中。

（3）摄取现场图像。

现场用摄像头对要识别的人采集图像信息，上传到系统数据库。

（4）对比分析图像数据。

收到采集来的图像信息后，系统会用算法对图像进行分析，与人脸数据库中的某人数据进行对比。

（5）给出人脸识别相似度。

经过对比，人脸识别系统会给出相似度的值。如若相似度高，那就可以判断为同一人；若相似度低，就可以判断为不是同一人。

21.2　引导实践——人脸识别

下面通过"AI图像识别"模块识别人脸信息。

1. 加载模块

在Mind+"实时模式"下，先加载micro:bit，再扩展"网络服务"。如图21-1所示，在"网络服务"下加载"AI图像识别"和"文字朗读"模块。

2. 初始化设置

要进行人脸识别，首先开启摄像头，将画面显示在Mind+中，显示方式有弹窗和舞台显示两种。如果需要保存视频截图，开启后单击最后的"设置"按钮可以设置图片的保存位置。如图21-2所示，视频截图会占用磁盘空间，不需要可以选择关闭。

图21-1　加载"AI图像识别"和"文字朗读"模块

图21-2　初始化设置

3. 编写程序

程序编写思路：从摄像画面截取图片后，如图21-3所示，通过百度大脑AI图像识别技术识别截取到的图片的人脸信息。

图21-3　识别人脸信息

人脸图片获取的方法有三种，如图21-4所示，可以从摄像头、本地文件及网址中获取图片识别。这里选择"从摄像头画面截取图片"，当人脸出现在摄像头画面中，可以实时截取人脸图片获取到人脸信息。

通过人脸识别可以获取年龄、性别、颜值、脸型等信息。选择获取"脸型"信息，如图21-5所示，将获取到的脸型信息用语音朗读出来。

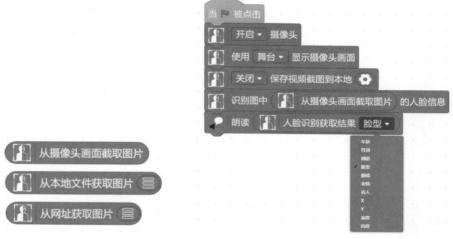

图21-4　三种获取图片方式　　　　图21-5　人脸识别单一信息结果获取

4. 调试运行

程序实现的效果：编写好程序上传，单击▶按钮开始识别摄像头画面中的人脸信息，朗读脸型信息的识别结果。尝试变更选项，通过人脸识别获取年龄、性别、颜值等信息。

21.3　深度探究——欢迎主人回家

模拟主人回家后通过人脸识别主人信息，欢迎主人回家。

1. 身份识别

如何识别出主人？首先需要将主人的图片保存到电脑桌面，然后在 从本地文件获取图片 中打开，再通过将摄像画面中截取的图片与保存在电脑中的主人图片进行对比，通过图片的相似度判定是否为主人。程序如图21-6所示，通过两张图片中的人脸对比，得出人脸相似度数值。

图21-6　人脸相似度识别

2. 编写程序

程序编写思路：程序如图21-7所示，通过图片相似度的值进行条件判断，相似度的值大于设定值判定为同一人，识别为主人，执行欢迎主人程序；否则判定不是主人，执行相应程序。

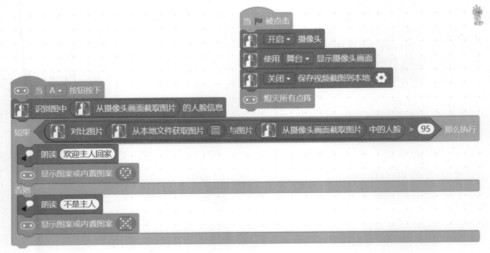

图21-7　欢迎主人回家程序

3. 调试运行

程序实现的效果：编写好程序上传，单击 按钮开始初始化摄像头，获取摄像头画面中的人脸信息，按下micro:bit的A按钮，通过百度大脑AI图像识别技术，将摄像头画面获取到的人脸信息与本地保存的主人图片的人脸信息进行人脸相似度对比，当人脸相似度对比的值大于95时，判定为主人，否则，判定不是主人。判定为主人发出"欢迎主人回家"的语音，判定不是主人发出"不是主人"语音。

21.4　课后练习

利用舵机模拟开关门的动作。编写主人回家后通过人脸识别主人身份并自动开门的程序。

第22课 翻译机

学习目标

* 了解AI语音翻译、AI拍照翻译。
* 能编写文字识别程序。

器材准备

联网的计算机、micro:bit、Micro:Mate扩展板、USB数据线、摄像头、麦克风、扬声器。

22.1 预备知识——AI翻译

1. AI语音翻译

对于英文不太好的人而言，遇上不会中文的外国人，与其交流是一件比较困难的事情；出国旅游或者购物，也无法进行有效沟通。大多数人会先用中文拟好常用语，翻查外文字典编写成句，保存备用；或者将中文复制到翻译App中进行翻译，再或者在网页上寻找翻译。然而，不同国家的人语言习惯不同，在进行交流时必然会出现这样或那样的交流障碍。通过百度大脑AI语音翻译实现机器翻译，能将中文与多种外语互译，还可以把说话内容实时翻译为其他语言并朗读出来，实现不同语种之间人与人之间的无障碍沟通。

2. AI拍照翻译

AI拍照翻译是翻译的一种输入方式，比手动输入更方便。通过百度大脑AI图像识别技术，用户上传照片后，可以将图片中的文字翻译成需要的语言。AI拍照翻译为用户提供了更加便捷的翻译功能，用户只需要拍摄照片就能轻松在线翻译照片中的文字内容，让工作、学习、出行变得更省心！

22.2　引导实践——AI语音翻译

下面通过AI语音翻译来实现多国语言互译。

1. 加载模块

在Mind+"实时模式"下，先加载micro:bit，再扩展"网络服务"。如图22-1所示，在"网络服务"下加载"语音识别""文字朗读"和"谷歌翻译"模块。

图22-1　加载"语音识别""文字朗读"和"谷歌翻译"模块

2. 编写程序

程序编写思路：语音识别模块识别输入的语音，谷歌翻译模块将识别出的中文语音翻译为英语，由文字朗读模块将翻译的英语朗读出来，AI语音翻译程序如图22-2所示。

图22-2　AI语音翻译程序

3. 调试运行

程序实现的效果：按下空格键，对准麦克风说"你好"，AI语音将其翻译为英语并朗读出来。如果说话时声波图没有波动，检查麦克风是否连接好。想要翻译成其他语言只需将朗读的语言设置和翻译语言设置为目标语言即可，如图22-3所示为设置为韩语翻译。

图22-3　更改设置实现多国语言互译

AI语音翻译可以实现多国语言互译。对准麦克风说中文"早上好"，能够将中文翻译为韩文，说英文"Good morning"，也能够将英语翻译为韩文。用其他国家语言说早上好，也能将其他语言翻译为韩文。

22.3　深度探究——AI拍照翻译

22.3.1　AI图像识别文字

通过AI图像识别功能识别文字信息。

1. 加载模块

在Mind+"实时模式"下，先加载micro:bit，再扩展"网络服务"。如图22-4所示，在"网络服务"下加载"AI图像识别"模块。

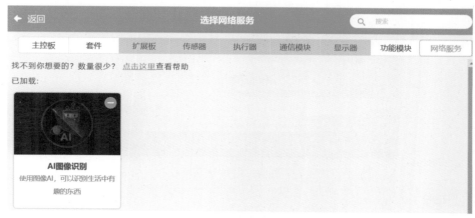

图22-4 加载"AI图像识别"模块

2. 初始化设置

如图22-5所示，文字识别需要镜像开启摄像头，不然摄像头内显示的文字就是反方向的。使用弹窗显示摄像头画面不会保存视频截图到本地。

图22-5 初始化设置

3. 编写程序

程序编写思路：将书上的文字对准摄像头开始文字识别，摄像头将截取到的图片上传至百度大脑进行AI图像识别，舞台角色将AI图像识别后的文字显示在舞台上，程序如图22-6所示。

图22-6　文字识别

4. 调试运行

程序实现的效果：单击 ▶ 按钮初始化摄像头后，按下micro:bit的A按钮，摄像头截取图片自动识别文字信息，通过舞台角色将识别的文字信息显示在舞台区。如图22-7所示，除了可以识别文字，还可以对数字、车牌号、手写字进行识别。

图22-7　识别多种文字形式

22.3.2　AI拍照翻译

AI图像识别文字并朗读。

1. 加载模块

在Mind+"实时模式"下，先加载micro:bit，再扩展"网络服务"。如图22-8所示，在"网络服务"下加载"AI图像识别""文字朗读"和"谷歌翻译"模块。

图22-8　加载"AI图像识别""文字朗读"和"谷歌翻译"模块

2. 编写程序

程序编写思路：摄像头将截取到的图片上传至百度大脑进行AI图像识别，谷歌翻译模块将识别出的文字翻译为英语，文字朗读模块将翻译后的英语进行朗读，舞台角色将翻译后的英语显示在舞台区，程序如图22-9所示。

图22-9　AI拍照翻译程序

3. 调试运行

程序实现的效果：准备一张白纸，在白纸上手写文字"早上好"，放在摄像头前，摄像头识别手写文字，翻译成英语，并通过电脑朗读出来。在进行手写字识别时，文字书写规范可以大大提高文字的识别率。需要注意的是，想要朗读英语就要初始化朗读语言为英语，否则无法朗读出相应语言。

22.4 课后练习

AI技术可以使人与人之间进行无障碍沟通，AI技术不仅能够帮助我们解决沟通问题，还可以解决生活中遇到的问题。生活中经常会看见一些不知名的动植物，如图22-10所示，利用AI图像识别技术编写一款能智能识别动植物的程序。

图22-10　AI图像识别植物

第23课 手势识别——石头剪刀布

学习目标

* 了解手势识别。
* 能编写手势识别程序。

器材准备

联网的电脑、micro:bit、Micro:Mate扩展板、USB数据线、摄像头、麦克风、扬声器。

23.1 预备知识——手势识别

通过百度大脑AI图像识别技术，可以识别摄像头画面截取的图片中的手势动作，如图23-1所示，AI图像识别技术可识别24种常见手势，包括拳头、OK、比心、作揖、点赞、数字等。为了保证图中的手势动作识别的准确性，识别图片中最好不露脸。

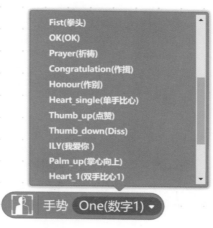

图23-1 多种手势动作识别

23.2 引导实践——识别手势动作

下面用"AI图像识别"模块识别手势动作。

1. 加载模块

在Mind+"实时模式"下，先加载micro:bit，再扩展"网络服务"。如图23-2所示，在"网络服务"下加载"AI图像识别"模块。

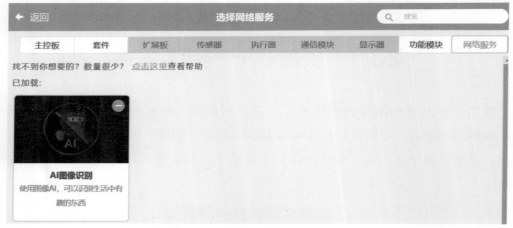

图23-2　加载"AI图像识别"模块

2. 手势动作

做出以下手势动作，如图23-3所示，通过AI图像识别技术来识别手势动作。

图23-3　手势动作

3. 编写程序

　　程序编写思路：单击 🚩 按钮初始化摄像头后，按下micro:bit的A按钮，用手在摄像头作出拳头手势动作，用计算机截取摄像画面中的手势动作图片，上传至百度大脑进行AI图像识别，舞台角色显示识别手势图片的返回结果。手势识别程序如图23-4所示。

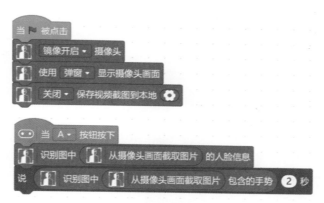

图23-4　手势识别程序

4. 调试运行

　　程序实现的效果：按下micro:bit的A按钮，从摄像头画面截取图片进行手势识别，舞台角色显示出AI图像识别出的截取图片中的手势动作名称。如果在做手势动作时，摄像头图像是反的，那么初始化摄像头时，可以镜像开启摄像头。

23.3　深度探究——石头剪刀布

　　做出石头、剪刀、布的手势动作，通过"AI图像识别"模块识别并用语音朗读。

1. 加载模块

　　在Mind+"实时模式"下，先加载micro:bit，再扩展"网络服务"。如图23-5所示，加载"AI图像识别""文字朗读"和"语音识别"模块。

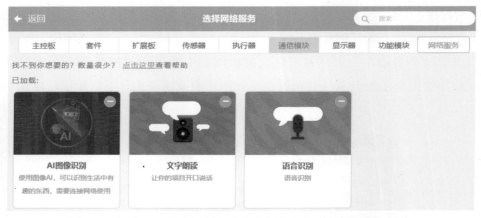

图23-5　加载"AI图像识别""文字朗读"和"语音识别"模块

2. 初始化设置

　　如图23-6所示，按键触发初始化AI图像及AI语音设置。按下micro:bit的A按钮，开始初始化设置，为了画面显示与手势动作一致，设置镜像开启摄像头。因为后面要用到舞台角色显示手势动作名称，所以使用弹窗显示摄像画面。截取的图片不占用硬盘空间，关闭保存视频画面截图到本地。显示声波图是为了检查麦克风是否正常，麦克风正常说话时声波图会有显示。每次发出的语音指令较短，这里设置每次听3秒语音，从micro:bit的A按钮按下开始计时。最后设置语音朗读语言及嗓音。

图23-6　初始化设置

3. 编写程序

　　程序编写思路：通过发出开始语音指令触发AI图像识别，做出石头、剪刀、布的手势动作，识别的结果分别为拳头、数字2、数字5。如图23-7所示，将从摄像头画面中截取的手势动作图片与相应的手势动作对比，通过识别图中手势积木返回的结果进行判断，对比结果相同时语音朗读及文字显示出的相应手势的动作名称。

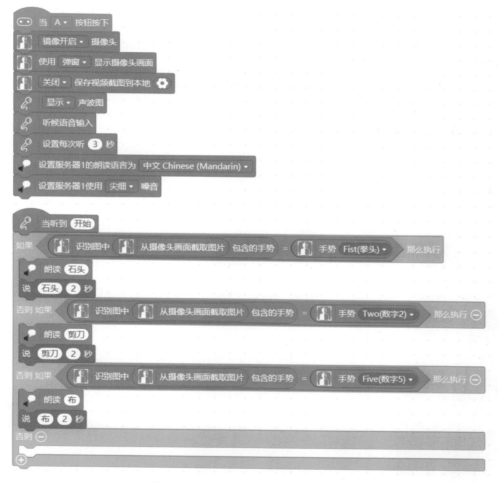

图23-7　石头、剪刀、布手势识别程序

4. 调试运行

程序实现的效果：按下micro:bit的A按钮，初始化AI图像及AI语音设置，对准麦克风发出"开始"语音指令，从摄像头画面中截取图片进行手势识别，用手在摄像头前作出石头手势，AI图像识别进行判断对比，手势一致，发出"石头"语音，舞台角色显示"石头"文字2秒。在摄像头前更换为手势动作为"剪刀"或"布"，手势识别一致时，语音朗读及文字显示出相应手势动作的名称。

23.4 课后练习

编写程序，尝试用手势动作控制开关风扇。

第24课 有线通信

学习目标

＊ 了解串口通信和ASCII码。

＊ 通过串口通信控制输出模块。

器材准备

micro:bit、Micro:Mate扩展板、USB数据线。

24.1 预备知识——串口通信与ASCII码

1. 串口通信

串口通信是用在不同电子设备之间交换数据的技术，其目的是实现不同电子设备之间的"通信对话"。TX表示设备数据发送，RX表示设备数据接收。通过USB数据线使micro:bit与电脑建立串口连接，使其能够直接通信。

在11.2节中讲到的模拟信号输出控制LED灯，如果要改变LED灯的亮度，亮度控制参数都是直接写到程序中，然后随着程序上传到micro:bit实现。这就意味着没有办法随时随地改变LED灯的亮度参数，要想改变这个亮度参数，就需要在程序中进行修改，并重新烧录程序上传到micro:bit。想要实现实时控制功能就得建立一个和micro:bit的通信通道，这样才能随时随地将我们的意图传达给micro:bit，并让micro:bit来执行。因此，将电脑作为指令发送装置，在电脑和micro:bit之间建立起这样一个通信通道，这个通信通道就是串口通信。

2. ASCII码

ASCII是美国信息交换标准代码。在计算机中，所有的数据在存储和运算时都要使用二进制数表示。例如，26个英文字母（包括大写）以及0、1等数字还有一些常用的符号，例如*、#、@等，在计算机中存储时也要使用二进制数来表示。而具体用哪个二进制数来表示哪个符号，美国有关的标准化组织就出台了ASCII编码，进行了统一规定，到目前为止，共定义了128个字符。表24-1是0～9对应的ASCII码值。

表24-1　数字0～9的ASCII码对照表

数字	ASCII值	数字	ASCII值
0	48	5	53
1	49	6	54
2	50	7	55
3	51	8	56
4	52	9	57

24.2　引导实践——"串口助手"调试工具

实现电脑通过"串口助手"调试工具发送数字1，micro:bit的LED点阵屏显示数字1的效果。

1. 下载"串口助手"调试工具

OpenJumper串口助手是一款小巧且免费的串口调试工具，可以提供丰富的串口调试选择。本书将"OpenJumper串口助手"简称为"串口助手"。

2. 打开"串口助手"

micro:bit未通过USB数据线与电脑连接时，如图24-1所示，打开"串口助手"会出现没找到串口设备的错误信息。micro:bit通过USB数据线与电脑连接后，再打开"串口助手"，就不会出现错误信息提示了。

即使提示错误信息，单击"确定"按钮后仍然可以打开"串口助手"。如图24-2所示，

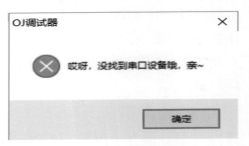

图24-1　串口设备错误提示

打开"串口助手"，显示"串口助手"窗口界面。

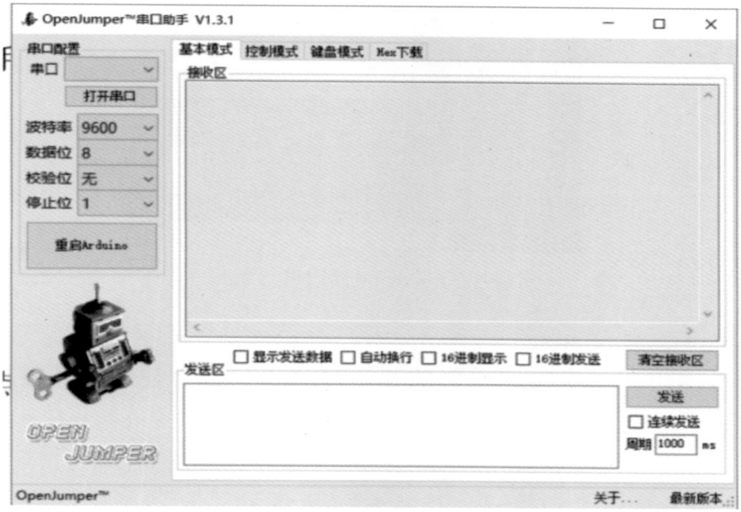

图24-2　"串口助手"界面

3. 串口连接

　　"串口助手"串口配置下的串口选择框为空时，表示串口设备未连接，选择串口连接设备，再将波特率设置一致，数据位、校验位和停止位设置为默认。显示"打开串口"表示串口设备未连接，显示"关闭串口"表示串口已打开，如要上传程序，还需关闭串口才能上传。通过USB数据线使micro:bit与电脑建立串口连接，串口成功打开，电脑与micro:bit串口通信的"桥梁"就建立起来了。

24.3　深度探究——串口数据的读取与发送

1. 读取串口数据

　　在Mind+的"上传模式"下，编写程序上传。如图24-3所示，首先设置串口波特率为115200，如果串口有数据可读时，micro:bit的LED点阵屏会显示出相应数据。

图24-3 micro:bit读取串口数据

2. 发送串口数据

如图24-4所示，在"串口助手"的基本模式下勾选"显示发送数据"复选框，发送的数据在接收区也可以看到。想要清除接收区内容，可以单击"清空接收区"按钮。

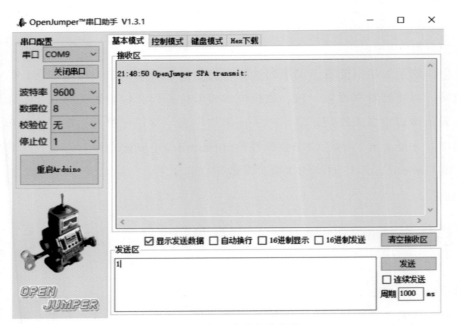

图24-4 串口助手发送数据

　　在发送区发送数字1后，micro:bit的LED点阵屏并无任何显示。思考一下，查找原因。

　　仔细观察发现，原来是"串口助手"中的波特率与程序里设置的波特率不一致，导致无法建立通信。就像使用对讲机时，需要将两部甚至多步对讲机的频道设置一致，双方或多方才能互相听到声音。串口波特率设置一致才能进行串口通信。

3. 转换串口数据

　　当我们通过串口助手发送数字1时，LED点阵屏显示49，只要有数据显示就说明串口通信已经建立。但49是否正确需要进行验证。

　　电脑串口发送数字1，micro:bit串口接收到的是ASCII码49，将ASCII码49进行转换，LED点阵屏即可显示数字1。

4. 编写程序

　　程序编写思路：将串口接收到的ASCII码值进行转换，即可看到接收数据与发送的数据信息一致。

　　在 ⬤ 运算符 模块中找到 将数字 0 转换为 ASCII字符 指令积木，如图24-5所示，将串口数据转换，即可显示串口助手发送的数字。

图24-5　转换串口数据

5. 调试运行

　　程序实现的效果：编写好程序上传，在串口助手的发送区发送数字1，micro:bit的LED点阵屏会显示数字1。如果没有任何显示，先检查USB数据线是否连接好，再检查波特率是否设置一致；如果显示信息不一致，可以对照ASCII码进行数据转换。有线通信的建立不仅能传输数据，还可以发送数据控制LED数字发光模块、风扇模块、语音录放模块、断电器模块等执行器的运行。

24.4　课后练习

尝试通过串口控制风扇模块，电脑通过"串口助手"向micro:bit发送数字，micro:bit接收到数据1后打开风扇，接收到数字2则关闭风扇。

第**25**课 无线通信

学习目标
* 了解无线通信。
* 编写无线控制开关灯程序。
器材准备
micro:bit 2块、Micro:Mate扩展板、USB数据线、电池盒。

25.1 预备知识——无线通信

micro:bit板载无线通信模块，不需要连接数据线，可以实现多块micro:bit间的无线数据传输。有线通信就好比电脑连接网线进行有线数据传输，无线通信就好比电脑连接无线WiFi进行无线数据传输。有线通信数据传输的优点是传输稳定，无线通信的优点是连接更方便。

25.2 引导实践——无线发送、接收数据

实现一块micro:bit发送数据、一块micro:bit显示接收到的数据的效果。

1. 无线通信初始化设置

如图25-1所示，两块micro:bit主控板想要进行无线通信，首先要打开无线通信，再设置相同频道进行无线通信，频道数字可以设置为任意数字，但无线通信频道必须设置为相同数字才能进行无线通信。

图25-1　无线通信初始化设置

2. 发送端程序

一块micro:bit作为发送端，向另一块micro:bit发送数据。主程序开始时，打开无线通信，初始化无线频道为99，初始化完无线通信设置后，如图25-2所示，编写发送端程序上传。程序上传成功，按A按钮发送字母A，按B按钮发送字母B。

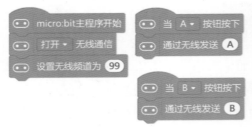

图25-2　发送端程序

3. 接收端程序

另一块micro:bit作为接收端，接收到数据后在LED点阵屏显示数据内容。打开无线通信，设置与发送端相同的无线通信频道。如图25-3所示，当接收到发送来的数据后，LED点阵屏会显示接收到的数据。

图25-3　接收端程序

将编写好的发送端和接收端程序分别上传到两块micro:bit，拔掉USB数据线，连接电池盒进行测试。

25.3 深度探究——无线控制LED灯

1. 连接电路

一块micro:bit作为接收端，micro:bit连接Micro:Mate扩展板，扩展板连接LED数字发光模块，如图25-4所示，LED数字发光模块连接Micro:Mate扩展板的P8数字引脚。另一块micro:bit作为发送端，通过A、B按钮发送数据，无须连接设备。

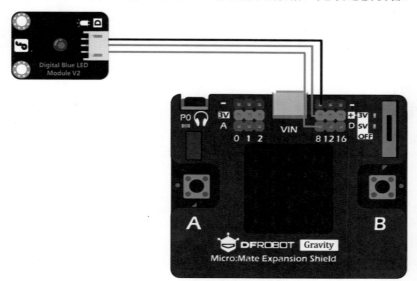

图25-4　LED灯连接P8数字引脚

2. 编写程序

程序编写思路：发送端按下A按钮发送数据"A"，发送端按下B按钮发送数据"B"。接收端接收到数据"A"开灯；收到数据"B"关灯。发送端程序如图25-5所示，接收端程序如图25-6所示。

图25-5 发送端程序   图25-6 接收端程序

3. 调试运行

程序实现的效果：编写好程序上传，在发送端按下A按钮，接收端连接的LED灯点亮；在发送端按下B按钮，接收端连接的LED灯熄灭。

25.4 课后练习

micro:bit无线通信有距离限制，测试一下在无遮挡物的情况下，micro:bit无线通信的最远距离为多少米？在有遮挡物的情况下，无线通信的最远距离为多少米？

第26课 物联网通信（一）

学习目标

* 了解物联网和物联网平台，认识物联网模块。
* 能正确地将物联网模块连入电路。
* 学会在物联网平台添加设备。
* 编写物联网远程控制LED灯的程序。

器材准备

micro:bit、Micro:Mate扩展板、物联网模块、LED数字发光模块、USB数据线、3Pin线、4Pin线、电池盒。

26.1 预备知识——物联网与物联网模块

1. 物联网

物联网（Internet of Things，IoT）是互联网的延伸，互联网的终端是计算机、手机、平板，而物联网的终端是硬件设备，无论是家里的电灯、空调还是风扇，所有这些终端设备都可以通过物联网控制，称为"万物互联"。

2. 物联网模块

OBLOQ物联网模块简称物联网模块，是一款基于ESP 8266设计的串口转WiFi物联网模块，用以接收和发送物联网信息。物联网模块需连接WiFi使用，连接无线网络时，物联网模块不支持5G无线网络频段，只能用传统的2.4GHz无线网络频段连接互联网。如图26-1所示，OBLOQ物联网模块采用的是4Pin线接口。

图26-1　4Pin线连接OBLOQ物联网模块

26.2 引导实践——物联网平台

EASY IoT物联网平台是DFRobot公司自建的物联网平台，旨在打造最简单的物联网体验，所有复杂的通信连接都被封装成库，提供所有必要的API接口，用户仅需要更改自身的ID和设备Topic，即可完成物联网通信。该平台基于MQTT协议进行通信，任何MQTT客户端都可以连接和使用物联网。配合OBLOQ物联网模块，能够轻松将终端设备接入物联网。

登录EASY IoT物联网平台，添加设备，获取密钥，建立通信。

1. 物联网平台登录

在浏览器地址栏输入网址http://iot.dfrobot.com.cn/，如图26-2所示，打开网站注册物联网平台账号，登录EASY IoT物联网平台。

图26-2　EASY IoT物联网平台

2. 添加新设备

在物联网平台添加需要控制的设备，登录物联网平台后会跳转至工作间页面，如图26-3所示，可以添加新设备。

图26-3　添加新设备

3. 查看密钥

工作间页面中会默认显示Iot_id、Iot_pwd 与新设备Topic等信息，这些信息后续将会在编程中用于初始化物联网模块，连接到物联网平台，我们把这些信息称为密钥。如图26-4所示，单击 👁 图标，可以查看密钥。物联网平台与物联网模块通过密钥建立通信连接，实现远程控制。

图26-4　查看密钥

26.3　深度探究——物联网远程控制LED灯

1. 电路连接

将micro:bit连接Micro:Mate扩展板，再将物联网模块通过4Pin线连接Micro:Mate扩展板。如图26-5所示，将4Pin线的红线接扩展板红色VCC（＋）引脚，黑线接扩展板

零起步玩转 Mind+创客教程——基于micro:bit开发板

黑色GND（-）引脚，绿色串口发送端TX接扩展板P8引脚，蓝色串口接收端RX接扩展板P12引脚，LED数字发光模块接P16引脚。

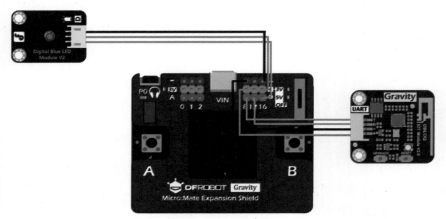

图26-5　物联网模块和LED数字发光模块连接扩展板

2. 加载物联网模块

在Mind+"上传模式"下，如图26-6所示，在扩展"通信模块"下，加载"OBLOQ物联网模块"。

图26-6　加载"OBLOQ物联网模块"

3. 初始化物联网模块

要进行物联网通信，首先要初始化物联网模块。为避免串口占用，接口选择软串口，选择物联网模块接入引脚，Rx接入P8引脚，Tx接入P12引脚。填写即将连接互联网的WiFi名称和密码，将物联网模块连接互联网。

填写物联网平台密钥。如图26-7所示，仔细填写物联网模块初始化信息。可以将箭头所指的密钥信息使用复制粘贴的办法，以免出错。

图26-7　初始化物联网模块

4. 编写程序

程序编写思路：物联网模块填写初始化参数后，与物联网平台建立通信连接。通信连接建立后，发送控制指令即可实现设备的远程控制。物联网模块初始化完成后，发送一个"hello"信息到物联网平台，物联网平台能收到"hello"信息，说明通信成功。下面再通过接收物联网平台发出的信息进行条件判断。当物联网平台发送过来的信息为a时，数字引脚P16输出高电平，LED灯亮；当物联网平台发送过来的信息为b时，数字引脚P16输出低电平，LED灯熄灭，程序如图26-8所示。

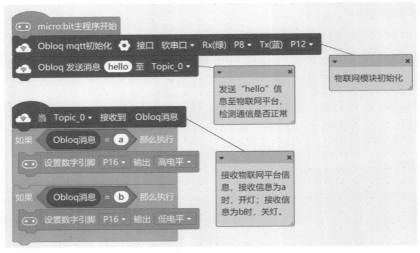

图26-8　物联网远程控制开关灯

5. 调试运行

物联网模块为5V供电，需将USB数据线插入扩展板电源口VIN，并将数字口电源切换开关切换为5V。在下载完程序后，等待几秒，物联网模块指示灯显示为绿色，表示连接成功，正常工作。

若物联网模块指示灯不为绿色，表示连接不成功。先检查参数有没有写错，例如WiFi密码、Topic信息填写是否正确。如果依旧无法连接的话，可尝试关闭电脑防火墙，重新上传程序；若还不成功，则需要查看物联网模块的接线是否正确。

登录物联网平台的网页端，如图26-9所示，单击发送消息，远程控制LED灯。

图26-9　物联网平台发送消息

如图26-10所示，发送相应消息控制LED灯。

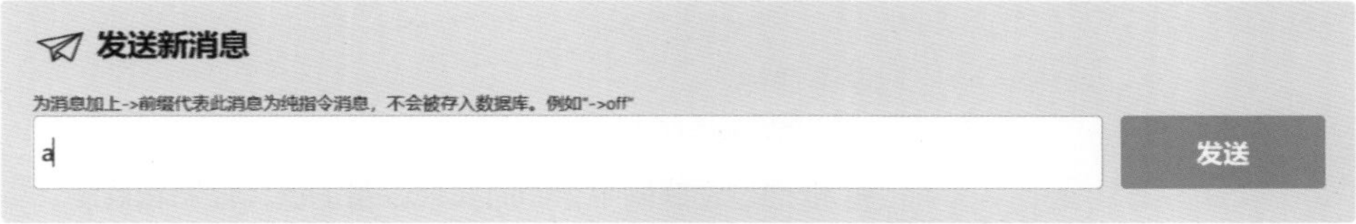

图26-10　发送控制消息

发送消息"a"，LED灯点亮；发送消息"b"，LED灯熄灭。

实现物联网能远程控制开关灯，程序调试成功。只要执行设备接入物联网平台，就可以在任意时间任意地点实现设备的远程控制。

26.4　课后练习

通过物联网平台发送指令，远程控制其他执行设备。

第 27 课 物联网通信（二）

学习目标

＊ 了解物联网通信。

＊ 能通过物联网平台同时实现设备的远程控制和监测。

器材准备

micro:bit、Micro:Mate扩展板、物联网模块、LED数字发光模块、USB数据线、3Pin线、4Pin线、电池盒。

27.1 预备知识——物联网通信

物联网模块通过WiFi联网，联网后数据信息就可以进行远距离传输。如图27-1所示，micro:bit上连接的设备模块通过物联网模块与物联网平台进行数据通信，以实现设备的远程控制和监测。

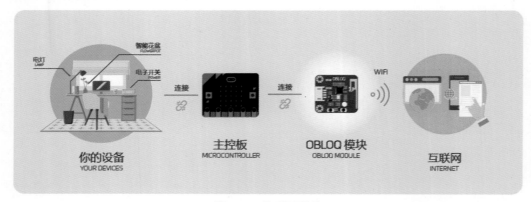

图27-1 物联网通信

27.2　引导实践——物联网远程监测

下面通过物联网远程监测室内温度信息并实时上报物联网平台。

1. 添加新设备

如图27-2所示，添加新设备命名为"温度"，用来接收温度信息。

图27-2　添加新设备

2. 添加Topic_1通道

添加新设备后物联网平台会自动生成Topic，可以理解为发送和接收消息的通道。物联网平台通过Topic_0接收消息检测通信是否正常，通过Topic_0发送消息远程控制LED灯。想要实时监测温度，需要添加新设备发送和接收消息的通道，创建新的信息通道Topic_1，仅用来接收温度信息。

初始化物联网平台参数，单击![加号]，如图27-3所示，将温度Topic参数信息复制到Topic_1。

图27-3　添加Topic_1

3. 编写程序

程序编写思路：初始化物联网模块，使物联网模块与物联网平台建立连接，实现

171

数据信息的上报。程序如图27-4所示，每隔10秒上报温度消息到Topic_1通道。

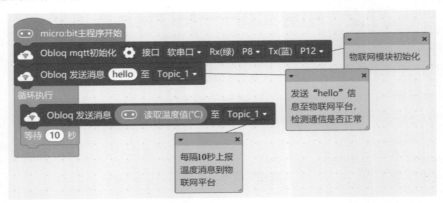

图27-4　温度信息上报

4.　调试运行

程序实现的效果：在物联网平台查看上报的温度信息，如图27-5所示，单击"查看详情"按钮，可以查看上报的温度。

图27-5　查看上报信息

27.3　深度探究——物联网远程控制和监测设备

通过物联网平台既要上报温度信息，又要远程控制LED灯，该如何操作？如果需要在一个程序中执行多个任务，需要加载"多线程"模块，这样可以使任务独立运行，相互不受干扰。

1. 加载模块

在Mind+"上传模式"下，如图27-6所示，在"功能模块"中加载"多线程"模块。

图27-6 加载"多线程"模块

2. 编写程序

程序编写思路：主程序同时发送和接收消息会出现冲突，为避免冲突，如图27-7所示，将上报消息作为子任务单独运行，每隔10秒上报一次温度信息到物联网平台。

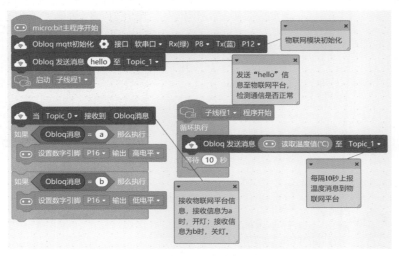

图27-7 物联网远程控制及监测程序

3. 调试运行

程序实现的效果：在温度设备上单击"查看详情"，可以查看上报的温度信息，温度信息每隔10秒上报一次。在物联网平台上发送指令，可以实现远程控制开关灯，物联网远程控制和监测设备两个任务得以实现。

27.4　课后练习

物联网平台不仅可以在网页端实现设备远程控制及监测，还可以在手机端实现上述功能。打开微信小程序，如图27-8所示，搜索"EasyIoT"，添加物联网平台小程序并登录。

登录小程序后，如图27-9所示，可以查看设备信息。单击 ⚙ 按钮，选择"发送消息"可以远程控制LED灯；选择"查看消息列表"可以查看上报的温度消息。

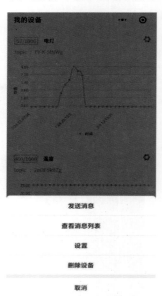

图27-8　添加小程序　　　　图27-9　微信物联网小程序界面

第28课 赛场竞技

学习目标

✳ 了解参加创客竞赛活动的一般程序。

✳ 创作作品参加创客竞赛活动。

器材准备

DFRobot中小学创客比赛套件专业版。

28.1 预备知识——创客作品设计与创客竞赛

1. 创客作品设计

创客教育强调创新与制作，通过前期系统的学习与不断实践，最后创作出有趣、实用的作品，才是学习价值的体现。这就需要在学习与实践的同时，发现生活中的真实需求，并能针对性地设计出解决方案。故创客作品的设计，一般包括发现、构思、制作等过程。

发现阶段的主要任务是产生一个明确的问题。在这个阶段，通过对日常生活的观察，并进行感性的体验和理性的信息搜索，逐渐聚焦到一个感兴趣并值得用设计来解决的问题上。

构思阶段的主要任务是形成作品的原型。构思阶段由发散思考、汇聚组合和绘制草图三个步骤组成。在发散思考环节，要进行头脑风暴，设想各种可能性，打开设计思路；在汇聚组合环节，要对各种可能性进行挑选和组合，对作品的功能进行优先级排序，编写实现功能的程序；在绘制草图环节，要从功能需求出发，再从造型、板材、工艺等方面思考更多设计要素。

制作阶段的主要任务是制作出作品实物。这一阶段，要选择合适的材料，采用对应的加工方式，将原型物化出来。并通过不断地调试程序来完善作品，直到符合设计要求。

2. 创客竞赛

通过不断学习和思索，用自己的创意来创作作品，从而解决日常生活中的一些问题。这就是我们学习的初衷。你可以拿创作的作品去参加创客竞赛，但获奖不是目的。参赛，一方面是对学习效果的检验，另一方面可以与其他参赛者合作、交流，从而相互促进制作技能，提升创新能力。

现在创客竞赛活动很多，鱼龙混杂，有的以营利为目的，有的以博取知名度为目的，有的以卖产品为目的。所以，对各种创客竞赛活动需要甄别，选择正规部门举办的竞赛活动。当前，经教育部门审核，比较权威的正规创客竞赛活动是全国中小学电脑制作活动和全国青少年科技创新大赛。这两个大赛每年都会举办、以激发学生的创新精神、培养实践能力为目的。

全国青少年科技创新大赛是由中国科协、教育部、科技部等9部门共同主办的一项全国性的青少年科技竞赛活动。大赛具有广泛的活动基础，每年约有1000万名青少年参加活动，参赛者首先参加基层的选拔活动，部分优胜者由各省按规定名额和要求推荐参加全国级创新大赛。

中小学生的创客作品可以参加全国青少年科技创新大赛的"青少年科技创新成果竞赛"项目的活动。这个活动是面向全体学生开展的，学生作品由各市级组织单位选拔上报省组委会，各省遴选出优秀作品或项目报送国家级竞赛活动参赛，不需现场创意制作，只是展示、交流自己的作品，由组委会评出等级奖次。

一年一度的全国中小学电脑制作活动由中央电化教育馆等单位主办，是目前国内规模最大、规格最高、参与人数最多的中小学生全国性竞赛活动。全国中小学电脑制作活动的主题是"探索与创新"，即鼓励广大中小学生结合学习与实践活动及生活实际，积极探索、勇于创新，运用信息技术手段设计、创作电脑作品，培养"发现问题、分析问题和解决问题"的能力。全国中小学电脑制作活动紧跟时代步伐，近几年先后设立了"创意智造""3D打印"等创客类项目，2020年又设立了"人工智能"项目，给小小创客们提供的展示交流、合作分享、共享提升的平台也越来越大。

全国中小学电脑制作活动已举办了二十一届，形成了一套较为固定的活动程序和机制。选手如果能顺利地参与这个活动的所有流程，那再参与其他活动就会轻车熟路。所以，本节课就以全国中小学电脑制作活动创意智造项目为例来分享和交流参赛"秘笈"。

28.2 教学实践——参赛介绍

1. 参赛流程

全国中小学电脑制作活动规模大，报名参与的学生众多，但最终能参加全国现场交流活动的人数很少，如2019年"创意智造"项目每省仅分得4个名额。所以，选手过五关斩六将才能走进全国活动的现场。

全国中小学电脑制作活动也是通过层层选拔的竞赛活动，一般从县开始，逐层举办，每一级别都会设等级奖。全国中小学电脑制作活动参赛流程如图28-1所示。

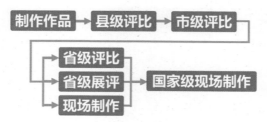

图28-1 全国中小学电脑制作活动参赛流程

从图中看出，只有经过层层选拔才能参加国家级活动。其中在省级竞赛阶段，由于各省（市、自治区）条件不同，因此就可能采用不同的方式。有些省（市、自治区）对地、市上报的作品直接评比，选出4人上报参加全国竞赛；有些省（市、自治区）组织地、市作品制作人集中现场展示自己的作品，从中选拔4人上报参加全国竞赛；更多的省（市、自治区）会参照全国竞赛的模式，集中组织地、市优秀选手现场命题进行现场制作，再展示交流，选出4名参加全国竞赛的选手。有些创客教育发展较快的地、市，也已经在实行现场制作的方式，选拔参加省级竞赛的选手。

2. **准备作品**

好的创意作品是参赛的敲门砖，只有出类拔萃，才能走得更远。

全国中小学电脑制作活动指南指出：创客项目是参与者在电脑辅助下进行设计和创作，制作出体现多学科综合应用和创客文化的作品，因此选手一定要按指南来创意设计、制作作品。

（1）创意独特，有实用价值。

创意要有新意和新奇的视角，用独特的方式解决常规应用。如现在垃圾分类、废品回收是社会热点，于是，大家都在制作垃圾回收箱，大多功能相近，如果是缺少新意的普通作品，不会受到青睐。我们换个思路，想到回收废旧电池和街上的自动售货机，设计制作一个智能废旧电池有偿回收箱，如图28-2所示，实现的功能为：当投入回收箱电池达到5个时，就能吐出1个新电池，箱上有投入电池个数显示，还能将投入的电池总数及新电池数实时通过物联网发送到管理员手机上。这样的创意，做到了独特，有新意，才会在各级评比中脱颖而出。

图28-2　智能废旧电池有偿回收箱

创意一定要到互联网上进行查重，即查一查有没有相同的创意，是否已经有人做出来了。

（2）制作精良，有工匠素质。

创意作品的结构造型是作品的外在表现，结构要设计合理、具有新意，兼具美感，并能将美学与实用性相结合。外观、封装及整体的牢固程度，是制作者在技术上是否精益求精的体现，也是评审专家关注的重点。如图28-3所示，就是应用亚克力板材、采用激光切割方式制作的上课中的校车。这样的校车在外观、封装及牢固程度上都比使用木板好。

图28-3　用亚克力板材制作的校车

上交评比的作品，一定要选用比较牢固的木板、亚克力等材料，应用台锯或者激光切割机来制作，对于结构复杂的零件用3D打印来造型。

（3）文档齐全，能一目了然。

上交创客作品参加比赛，要求提供作品演示视频、制作说明文档、硬件器材清单、软件源代码等文档，全部文件大小建议不超过100MB。

演示视频格式最好为MP4，不要超过5分钟。大部分地区的评比是不会要求提交作品实物的，评审专家是通过看演示视频来对作品进行整体感知，视频一定要将作品创意的独特性、功能的实用性、外观的艺术性、程序的先进性等逐一介绍，做到条理清晰，言简意赅，重点明确。视频解说词要提前准备，录制时要做到画面构图以作品为主，清晰、稳定、配音大小适中、无噪声。

制作说明文档包括作品的功能、创意原由和思路、解决问题的程序设计、需要的

零起步玩转 Mind+创客教程——基于micro:bit开发板

硬件、结构造型、制作过程等方面的内容，包含至少5个步骤的作品制作过程，每个步骤包括至少1张图片和简要文字说明。制作说明文档是评审专家详细了解制作过程的重要参考资料。

硬件器材清单、软件源代码要如实准备，以便评审专家审查程序是否可行，软硬件是否能相互匹配，即创意作品的功能能否达到。

3. 展评亮剑

有些省（市、自治区）为了使创客竞赛评比更准确，会集中补选出作品制作者与评审专家面对面进行展示、答辩。在展评前，评审专家已看过所有的作品，初步评出了等次，再通过现场展示、答辩来确认选手的创新能力、编程水平和制作技能，从而选出有实力的选手参加全国竞赛活动，对答辩不通过的选手会降低或取消获奖等次。

展评的流程一般有这样几个步骤：首先选手介绍自己的作品，然后由评审专家提问，最后选手作答。整个过程在10分钟以内。为了展示自己的真实实力，一定要提前做好准备工作。

（1）作品功能演示。

现场展评会要求进行作品实物演示，设计的功能一定要确保一次演示成功。

（2）PPT展示制作过程。

PPT以图片为主，文字简单明了。内容主要为讲作品创意特点，讲作品功能，讲解决问题的程序设计，讲硬件及结构制作等。

PPT展示最好和实物演示同步进行，并且一定要提前做好彩排。

（3）回答评审专家提问。

如果选手展示得很全面、很顺利，评审专家对作品和选手各方面都了解清楚了，就不会提问或少提问。如果评审专家还有疑问，就会针对某一疑问提问，如设计的功能是通过什么硬件实现的，程序中某些语句的作用等。

4. 现场制作

全国中小学电脑制作活动创意智造项目采用现场制作的方式。现在，部分省（市、自治区）也在采用和国家级竞赛相同的现场制作方式来进行省级活动。现场制

180

作要求学生在规定时间内使用组委会提供的器材，通过电脑编程、硬件搭建、三维造型设计等创作智能实物作品，如趣味电子装置、互动多媒体、智能机器等。

（1）现场制作流程。

全国中小学电脑制作活动创意智造项目现场制作流程如图28-4所示。

图28-4　创意智造项目现场制作流程

（2）抽签分组。

学生通过现场抽签组队，随机搭配，每个团队由 2～3 人组成，组内成员可能互相不认识，团队内要进行适当的分工，每个成员要有团队意识，学会沟通、配合、协调。只有做好作品创意设计的讨论、制作的分工、提交文件的分工和准备、展示的协作等工作，才能合作制作出好的作品。

（3）公布命题。

现场会将任务主题和制作要求以纸质文档的形式发给每个小组。在题目的理解上，小组成员要各抒己见，再结合实际生活、了解材料和工具，引导设计思路，通过分析和设计，产生与众不同的创意。

（4）现场创作。

小组根据创意，通过团队分工协作，在2～3天的时间内，共同创作完成一件作品。在设计与制作过程中，学生可自带笔记本电脑、相关设计软件、编程软件和参考书籍资料等。制作期间，笔记本电脑和组委会提供的U盘，一律不能带离场地，制作结束后才可带走；除了组委会提供的U盘，不得使用任何一种移动存储设备；不能用任何方式连接互联网，现场会控制使用手机和网络，有需要时，可以申请，在工作人员监督下使用测试。

①熟悉场地和工具。每个成员要先了解制作场地和现有的工具材料，特别是创意

制作所需的硬件。创客主要器材由活动组委会统一提供，图28-5所示为DFRobot公司提供的创客比赛Arduino套件。

图28-5　DFRobot创客比赛Arduino套件

DFRobot公司的创客比赛Arduino套件价格较高，一般学校不会采购来开展普惠式创客教育。为了让学生熟悉比赛器材，学校可购置一两套比赛套件用于赛前训练。制作现场也会提供各种材料及加工工具，材料有木板、卡纸、彩纸等，工具有台锯、激光切割机、3D打印机等。如图28-6所示为部分加工工具。

图28-6　激光切割机、3D打印机、车床等加工工具

考虑到安全问题，加工工具一般不允许学生自己独自操作，只需将需要加工的零件需求规格写好，并选择好材料，由工作人员来切割制作零件。

②按创意作品制作程序进行。如图28-7所示为创意作品制作的程序，要合理分配各阶段的时间，按时完成任务。

确定创意 → 编写程序 → 软硬件调试 → 结构造型

图28-7　创意作品制作程序

③反复调试。作品基本完成后，要反复进行调试。图28-8为在某省级竞赛现场选手合作进行作品调试。

图28-8　小组成员合作调试作品

通过多次调试，发现问题后再修改程序，以使作品更完善，这样才能保证在答辩时稳定正常展示。

（5）提交作品。

现场制作完成后，要将作品提交给组委会。提交的内容包括：

①实物作品。

②创作说明文档。包含创作意图、作品多角度照片、功能说明、结构搭建过程、电路搭建过程、程序代码等。

③汇报PPT。包含封面、作品名称、创作意图、功能说明、电路搭建图、程序代码、小组分工与合作、收获与反思等。

④演示视频。视频不超过5分钟，包含封面、作品名称、成员组成作品介绍与演示等。

（6）团队展示和答辩。

这是现场制作的最后一个环节，所有参赛学生及家长、辅导教师都可观摩，每小组依次上台通过多种形式向专家评委和其他学生展示其作品，并回答专家评委提出的问题，一般时间限定为5～8分钟，图28-9为全国活动团队展示和答辩现场。

图28-9　展示和答辩现场

展示和答辩前，团队成员要做好准备，如谁主讲、谁展示作品，试着想一想评审专家可能会提什么问题，最好在家长和辅导教师的指导下进行彩排，保证答辩时万无一失。

从以上的参赛过程中我们可以看到，参加创客竞赛，就是一场学习知识、提高技能、提升创新能力的马拉松。能不能获大奖并不重要，重要的是你的经历、你的见识，这些都将是成长路上最宝贵的财富。创新的大门始终为愿意思考、勤于实践的人而打开，未来的世界会因为创客的改变更精彩。

附 录　配套器材

配套器材

序号	名称	规格	数量	图片
1	Micro:bit	micro:bit主控板，搭载了5×5可编程LED点阵、两个可编程按键、加速度计、电子罗盘、温度计等电子模块	1块	
2	Micro:Mate 扩展板	微型多功能I/O传感器扩展板	1块	
3	电池盒	2节七号带盖带开关电池盒	1个	
4	LED数字发光模块	LED数字发光模块（蓝色）	1个	
5	模拟旋转角度传感器	旋转角度0°～300°	1个	

续表

序号	名称	规格	数量	图片
6	按钮模块	红色按钮模块	1个	
7	模拟环境光线传感器	基于PT550环保型光敏二极管的光线传感器	1个	
8	数字运动传感器	人体热释电红外探头AM412	1个	
9	模拟声音传感器	MIC声音传感器	1个	
10	180°舵机	180°金属带模拟值反馈舵机，带舵片	1套	
11	带功放喇叭模块	高保真8002功放芯片	1个	

序号	名称	规格	数量	图片
12	MP3语音模块	内置8MB存储空间，支持MP3、WAV音频格式	1个	
13	无源音箱小喇叭	8Ω3W，PH2.0接口	1个	
14	数字RGB全彩LED模块	WS2812RGB全彩LED灯珠5050	3个	
15	RGB全彩灯带	7灯珠WS2812 RGB全彩灯带	1个	
16	模拟超声波传感器	模拟电压输出双探头超声波测距模块	1个	
17	数字蜂鸣器模块	数字信号输出，高低电平控制	1个	
18	数字红外接收模块	38kHz红外线接收传感器	1个	

序号	名称	规格	数量	图片
19	红外遥控器	38kHz红外遥控器	1个	
20	直流电机风扇模块	130直流电机，带软扇叶片	1个	
21	物联网模块	基于ESP 8266设计的串口转WiFi物联网模块	1个	

在DFRobot公司的创客商城可以买到以上器材。